例題で学ぶ
構造工学の基礎と応用

[第4版]

宮本 裕 他著

技報堂出版

●──執筆者

秋田　　　宏	東北工業大学工学部	—— 6
岩崎　正二	岩手大学工学部	—— 10
遠藤　孝夫	東北学院大学工学部	—— 12
五郎丸英博	日本大学工学部	—— 4, 13
佐藤　恒明	木更津工業高等専門学校	—— 1, 2, 3
永藤　壽宮	長野工業高等専門学校	—— 8, 9
長谷川　明	八戸工業大学工学部	—— 11
樋渡　　滋	東北学院大学工学部	—— 5, 7
宮本　　裕	岩手大学工学部	—— 6, 12
森山　卓郎	阿南工業高等専門学校	—— 5, 7

（五十音順，末尾の数字は執筆担当章を示す）

本書では，力の単位として国際単位系（SI）を使用しています．
換算には，下記を参照してください．

$1 \text{ N} = 0.10 \text{ kgf}$　　　$1 \text{ kN} = 10^3 \text{ N} = 0.10 \text{ tf}$

$1 \text{ Pa} = 1 \text{ N/m}^2$　　　$1 \text{ kPa} = 10^3 \text{ N/m}^2$　　　$1 \text{ MPa} = 10^6 \text{ N/m}^2 = 1 \text{ N/mm}^2$

$1 \text{ GPa} = 10^9 \text{ N/m}^2$

$1 \text{ N/cm}^2 = 1 \times 10^4 \text{ N/m}^2 = 10 \text{ kPa} = 0.10 \text{ kgf/cm}^2$

また，参考のため，ギリシア文字の一覧をかかげておきます．

A	α	アルファ	B	β	ビータ	Γ	γ	ガンマ
Δ	δ	デルタ	E	ε	イプシロン	Z	ζ	ジータ
H	η	イータ	Θ	θ, ϑ	シータ	I	ι	イオタ
K	κ	カッパ	Λ	λ	ラムダ	M	μ	ミュー
N	ν	ニュー	Ξ	ξ	クサイ	O	o	オミクロン
Π	π	パイ	P	ρ	ロー	Σ	σ, ς	シグマ
T	τ	タウ	Υ	υ	ウプシロン	Φ	φ, ϕ	ファイ
X	χ	カイ	Ψ	ψ	プサイ	Ω	ω	オメガ

●——第 4 版刊行によせて

　例題で学ぶ「構造工学の基礎と応用」は最初 1991 年に出版された．
　そのときのいきさつは以下のようになる．
　はじめ私はドイツ留学時に，ドイツの大学の応用力学（機械工学）の問題集を買ってきた．これを翻訳して出版したいと技報堂出版に相談したところ，翻訳書よりも自分で問題や解答をつくった本のほうがよいとアドバイスを受けた．
　そして，そのときに必ず東北地域の主な大学の教員をメンバーに加えて共著にすることが大事であると言われた．
　そういうわけで，東北地域のすべての大学の力学系教員に各校一名は加わっていただくことにし，さらに岩手大学出身の高専の教員にも声をかけて共著者になっていただくことにした．
　こうして若い著者たちは率直に自分の意見を述べ，議論をしながら理想的な教科書をつくっていった．
　この本の出版の後に，さらに「構造工学」「橋梁工学」と二冊の教科書を作ることができたうえ，土木学会編「土木用語大辞典」の編集にも加わることができたのである．
　幸い著者たちは全員それぞれの大学や高専の教授となることができた．これもひとえに技報堂出版のおかげである．技報堂出版に感謝する次第である．

2016 年 2 月

著者を代表して　　宮　本　　裕

●——はじめに

　昔の技術者は計算尺や手回し計算機のみを使って飛行機や橋などを設計した．
現在では構造物の応力・変位を明らかにしその合理的な設計を可能にする構造解析もコンピュータの利用が普通に行われており，大学・高専の教育もコンピュータ利用のマトリックス構造解析が重要な位置を占めるようになってきている．
　しかし講義と演習において，マトリックス構造解析だけを行えば十分であろうか．
「一般に構造解析が手計算で行われていた時には，計算の過程で考えたり，判断することができたが，計算機を用いた過程には人間の思考判断の介入する余地がないため定量的感覚や充足感がもてないようだ．この判断力を育てるには，例えば解析計算の過程を数多くの例でとらえたり，場合によっては手計算によったり，あるいは過去の資料によって判断を行うよう心がけるべきであろう（芳村仁，北海道大学大型計算機センター広報巻頭言，Vol. 7，No. 1）」．
　生物の進化の中で，個体発生は系統発生を繰り返すというヘッケルの法則がある．その例として人間の赤ん坊が母親の胎内で大きくなるとき，エラができたり，尾が生えたりする．これは人類の祖先が大昔，魚から両生類，哺乳類と進化してきたことを，どの赤ん坊も小さいときに繰り返すということである．
　構造力学もそのようにアルキメデス（紀元前3世紀）やガリレオ（16世紀）以来，人類が2千年以上もかけて築き上げてきた理論の体系である．その中でも高等な剛性マトリックス法の理論を，簡単に一般的表現でまとめられたものを読むだけで理解することは容易でない．それには先人の偉大な学者たちの研究の歩みを手短にでも繰り返さなくてはならないのである．簡単な問題を自分の体を使って解いてみることが必要である．まずやさしい力の釣合いから始まって，梁の曲げモーメント図を描いたりトラスの部材力の計算をしたりして構造力学に慣れ，やがて剛性マトリックスの主な計算過程をたどるということが必要であろう．
　要するにこれからの技術者は筆算でできる古典的構造力学をマスターし，そのうえでマトリックス構造解析の基礎を踏まえることが期待されているのであ

る．
　理論としての構造力学にプラスアルファとして具体的な構造物への応用を配慮したものを，ここでは構造工学と呼ぶことにする．しかし設計については具体的な示方書の規定などに従わねばならず，煩雑を避けるためふれなかった．
　基礎的な構造物に関する種々の計算例を通して，読者が構造工学の本質を少しでも身につけられることを願うものである．
　本書の特色を列記すると次のようになる．
　① 説明はくどいくらいにわかりやすくするように心がけた．
　② 多くの著者の共同作業による利点として，種々の考え方による解法を示した．
　③ 最近の構造解析手法である剛性マトリックス法の理解をめざした．
　④ 鋼構造物とコンクリート構造物を対象とした．
　⑤ 入門程度であるが座屈や振動や最適設計まで多方面の分野を取り込んだ．
　したがって，若い技術者にとりこの本は大学・高専卒業後も役立つはずである．
　著者らは長く初心者学生の教育指導にあたってきたため，何が理解されにくいか，どう教えると効果的かということについてのエキスパートである．したがって，この本は長年の著者らの教育研究活動を集大成したものである．
　本書の内容についてのご意見やご批判にはいつでも耳を傾ける用意がある．
　本書の出版にあたり，編集，校正など多大の労力を提供された技報堂出版株式会社の関係各位に厚くお礼を申し上げる．

1991年2月

　　　　　　　　　　　　　　　　　著者を代表して　　宮　本　　裕

● ——改訂版によせて

　この本ができてから5年たって，改訂版を出すことになった．
　今までの本は，構造工学について例題を中心に解説した本であったが，その後，公式の誘導や背景となる理論をくわしく説明した『構造工学』をほぼ同じメンバーで別に出版することができた．したがって，2冊の本『構造工学の基礎と応用』と『構造工学』については，それぞれ問題を解くこと，理論をすすめながら公式を誘導すること，という目的分担をはかることにした．そのため『構造工学の基礎と応用』は1冊で理論を説明し問題を解くという最初の目的から，主に問題を解くことに力点を移した．
　また，この5年間教室などで使って，学生諸君の反応もみた．それらの体験をもとにして，説明が不足で理解が得られにくかった箇所などには説明を増やし，理解を深めるための新しい問題を追加した．
　例えば第1章において，組合せ断面の全体の図心を通るx軸に関する断面2次モーメントを計算する問題である．公式によって図心の位置を求めてから，各断面要素の（最小となる自分自身の図心軸に関する）断面2次モーメントを全体の図心軸まで平行移動して和を求める方法で解いている．次に一般に設計計算で行われている方法であるが，計算しやすい軸（通常は上フランジ端部など）に関する断面2次モーメントを計算して，この断面2次モーメントから平行移動の公式を使って，全体の図心での断面2次モーメントになるよう，全断面積・移動距離の2乗を，引き算して求めている．この2つの計算方法は実は同じものであるが，どちらで計算しても同じ結果を与えると説明している本は少ないようである．本書では2つの方法を計算例を使って説明した．
　また片持ち梁で，右端が自由の場合と左端が自由の場合を並べて比較しながら，曲げモーメント図やせん断力図の符号を確認させ，理解を深めるようにした．このように似た問題を比較しながら説明するのは，理解を確かなものとする良い方法であると考えられる．
　第5章のトラスでは，まず反力を計算してから部材力を計算する一連の計算手順を身につけるため，非対称荷重の問題も加えた．
　第9章において，連続梁の影響線の計算例を加えた．不静定力の影響線を計

算することで，これをもとに重ね合せの原理を利用して曲げモーメントなどの影響線の計算ができることを示した．

　構造力学，構造工学の本は基礎的な内容であるから，これまでにも数限りなく出版され，例題も非常に多く作られている．したがって，なるべくオリジナルな問題を作ろうとすれば，いきおい新作問題は複雑になってしまう．基本的な問題が理論の本質をつく問題であればあるほど，古典の問題にふれないわけにはいかない．したがって，古典的基礎的例題をそのまま載せることも教育的見地から必要といえる．この本で全部の問題を新作問題にすることは可能であるが，基礎的知識を説明するためには古くからある問題を避けるわけにはいかないのである．

　さらに，今回は構造力学が土質力学の基礎理論となっていることを示すため，土質力学の入門ともいえる土圧などの計算問題の章を新たにつけ加えた．この章では弾性床上梁のたわみ曲線などの計算式も説明した．

　これらの問題にふれることによって，構造力学は鋼構造のみならず，コンクリート構造，合成構造，土質力学など広く，土木建設工学の基礎科目となることがわかるだろう．そういう意味で，われわれは構造力学を中心にこれらの応用を含めた力学系全体の学問を構造工学と呼ぶのである．最初に名づけた『構造工学の基礎と応用』は，したがってさらに内容を構造工学にふさわしいものに書き加えたと思うが，われわれの理解力，表現力の問題もあり，さらには紙面の都合などで十分に書けたかどうか不安もある．この本が数多くの読者によって読まれ，印刷を改めるたびに，こまめな修正をして，より良い本にしたいと考えている．

　本書の出版にあたり，編集，校正など骨折りいただき，改訂版発行を支援していただいた技報堂出版株式会社の皆様に厚くお礼を申し上げたい．

1996 年 1 月

　　　　　　　　　　　　　　　　　　　著者を代表して　　宮　本　　裕

●──第3版刊行によせて

　この本の初版ができてから5年たって改訂版を出した．そしてそれから7年たって第3版を出すところである．

　最初の本は，1990年夏に盛岡で著者たちが集まって，自分たちの手作りの本を作ろうと夜遅くまで討論をしたものだった．あれから，ほぼ同じメンバーを中心として，構造工学，橋梁工学そして土木用語大辞典（鋼構造や橋梁工学の専門用語担当）などの教科書や辞典の執筆の仕事をすることができた．

　ふりかえると，あれから数えて，まもなく13年がたとうとしている．その間にこの本の執筆に係わった皆においても，新たに生まれた家族や，永遠の別れをした家族などの思い出が増えたことだろう．誠に，時間のたつことが感じられるのである．

　われわれの作った本は教室で使われ，あるいは学生が自分の部屋で読んで多くの感想や意見が出された．また式や数値の不適切なことも指摘され，できるだけ直してきた．そして世はSI単位の時代に入り，この本も全面的にSI単位に改訂することをせまられた．技術は学問の進歩と時代のニーズに応えていかなければならないから，われわれの著作の手直しはこれからもなお続くのであろう．初心を忘れずに，教育というものを大切にしていきたいと思う．

　本書の出版にあたり，引き続きお世話になった技報堂出版株式会社の皆様に心からお礼を申し上げます．

2003年3月

　　　　　　　　　　　　　　　　　　　　　　著者を代表して　　宮　本　　　裕

●──目次

1. 力の釣合い ─────────────────────── 1
2. 断面の性質 ─────────────────────── 7
3. 静定梁 ───────────────────────── 15
4. 梁の曲げ応力とたわみ ─────────────── 35
   - §1 梁の曲げ応力とせん断応力
   - §2 組合せ応力
   - §3 梁のたわみ曲線
   - §4 モールの定理
5. 静定トラス ─────────────────────── 63
6. 影響線 ───────────────────────── 81
7. 柱の座屈 ──────────────────────── 91
8. 不静定構造物の基礎 ────────────────── 97
   - §1 不静定次数
   - §2 静定基本系による解法
   - §3 微分方程式による解法
9. エネルギー法 ────────────────────── 107
   - §1 ひずみエネルギー
   - §2 仮想仕事の原理
   - §3 最小仕事の原理
   - §4 弾性方程式

10.	三連モーメントの定理	143
11.	たわみ角法	155
12.	剛性マトリックス法	167

   §1 トラスの剛性マトリックス

   §2 梁の剛性マトリックス

   §3 ラーメンの剛性マトリックス

13.	梁の振動	187

   §1 1質点の振動

   §2 梁の曲げ振動

1. 力の釣合い

公式

(1) 1点に集まる力の合力

1) 2力の合力

$$\left. \begin{array}{l} \sum H = P_1 + P_2 \cos\theta \\ \sum V = P_2 \sin\theta \\ R = \sqrt{(\sum H)^2 + (\sum V)^2} \\ R = \sqrt{P_1^2 + P_2^2 + 2P_1 P_2 \cos\theta} \\ \tan\alpha = \dfrac{\sum V}{\sum H} = \dfrac{P_2 \sin\theta}{P_1 + P_2 \cos\theta} \end{array} \right\} \quad (1\text{-}1)$$

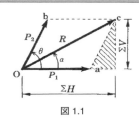

図 1.1

2) 多数の力の合力

$$\left. \begin{array}{l} \sum H = \sum P \cos\theta \\ \sum V = \sum P \sin\theta \\ R = \sqrt{(\sum H)^2 + (\sum V)^2} \\ \tan\alpha = \dfrac{\sum V}{\sum H} \end{array} \right\} \quad (1\text{-}2)$$

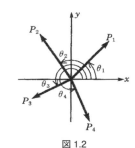

図 1.2

3) 力の釣合い

1点に集まる力が釣合うとき,力の多角形は閉合する.

$$\sum H = 0, \quad \sum V = 0 \quad (1\text{-}3)$$

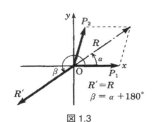

図 1.3

(2) 1点に集まらない力の合力

1) 合力

$$\left. \begin{array}{l} x_0 = \dfrac{\sum(V \cdot x)}{\sum V} \\ y_0 = \dfrac{\sum(H \cdot y)}{\sum H} \\ R = \sqrt{(\sum H)^2 + (\sum V)^2} \end{array} \right\} \quad (1\text{-}4)$$

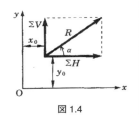

図 1.4

$$\tan\alpha = \frac{\sum V}{\sum H}$$

2) 力の釣合い

釣合い状態にあるためには，その力の多角形と連力図の両方とも閉合しなければならない．

$$\left.\begin{array}{l}\sum H = 0 \\ \sum V = 0 \\ \sum M = 0\end{array}\right\} \quad (1\text{-}5)$$

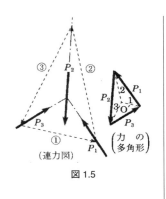

図 1.5

基本問題 1 図 1.6 に示すように，作用線が互いに 60°の角度で点 O に作用する 2 つの力 P_1 と P_2 がある．2 つの力の合力 R を求めよ．

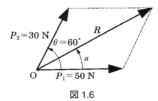

図 1.6

[解答] 合力 R の大きさは

$$\begin{aligned}R &= \sqrt{P_1^2 + P_2^2 + 2P_1P_2\cos\theta} \\ &= \sqrt{50^2 + 30^2 + 2 \times 50 \times 30 \times 1/2} \\ &= \sqrt{2\,500 + 900 + 1\,500} = \sqrt{4\,900} = 70\text{ N}\end{aligned}$$

合力 R の方向は

$$\tan\alpha = \frac{P_2\sin\theta}{P_1 + P_2\cos\theta} = \frac{30 \times \sqrt{3}/2}{50 + 30 \times 1/2} = \frac{25.98}{65} = 0.3997$$

よって $\alpha = 21.8°$

[別解] 図 1.7 に示した斜線の直角三角形に着目すると，

$$\begin{aligned}\overline{\text{AD}} &= P_2\cos 60° = 30 \times 1/2 \\ &= 15\text{ N} \\ \overline{\text{DC}} &= P_2\sin 60° = 30 \times \sqrt{3}/2 \\ &= 25.98\text{ N} \\ \sum H &= \overline{\text{OA}} + \overline{\text{AD}} = 50 + 15 \\ &= 65\text{ N}\end{aligned}$$

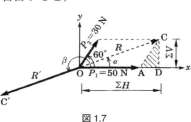

図 1.7

1. 力の釣合い 3

$$\sum V = \overline{DC} = 25.98 \text{ N}$$
$$R = \sqrt{\left(\sum H\right)^2 + \left(\sum V\right)^2} = \sqrt{65^2 + 25.98^2} = 70 \text{ N}$$
$$\tan \alpha = \frac{\sum V}{\sum H} = \frac{25.98}{65} = 0.3997 \text{ よって } \alpha = 21.8°$$

なお,
$$\beta = \alpha + 180° = 201.8°$$

から,合力 R と釣合う力 R' は,点 O に大きさ 70 N で x 軸に対して 201.8°の方向に点 O から点 C′に向かって作用する.

基本問題2 図1.8に示すように,点 O に作用する3つの力 P_1, P_2, P_3 の合力 R と釣合う力 R' の大きさと方向・向きを求めよ.

[解答] P_1 の先端 A から P_3 の作用方向と平行に大きさ 30 N 分だけ点線を引き点 B を得る.次に点 B から P_2 の作用方向と平行に大きさ 20 N 分だけ点線を引いて得られた点 C が,合力 R の先端を表す(図上では $R = 24$ N, $\alpha = 22°$ と読みとれる).

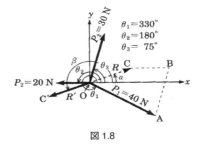

図1.8

次に,表1.1に示すように3つの力の $\sum H$, $\sum V$ を計算すると,
$$R = \sqrt{\left(\sum H\right)^2 + \left(\sum V\right)^2} = \sqrt{(22.40)^2 + (8.98)^2} = 24.13 \text{ N}$$
$$\tan \alpha = \frac{\sum V}{\sum H} = \frac{8.98}{22.40} = 0.4009 \text{ よって } \alpha = 21.9°$$
$$\beta = \alpha + 180° = 201.9°$$

したがって,合力 R と釣合う力 R' は,点 O に大きさ 24.13 N で x 軸に対して 201.9°の方向に点 O から点 C′に向かって作用する.

表 1.1

P(N)	θ(°)	$\cos \theta$	$H = P \cos \theta$ (N)	$\sin \theta$	$V = P \sin \theta$ (N)
$P_1 = 40$	330	0.866	34.64	−0.500	−20.00
$P_2 = 20$	180	−1.000	−20.00	0.000	0.00
$P_3 = 30$	75	0.259	7.76	0.966	28.98
計			22.40		8.98

基本問題3　図1.9に示すような3つの平行な力 P_1, P_2, P_3 の合力 R を求めよ.

[解答]　合力 R の大きさは,
$$R = P_1 + P_2 + P_3 = 10 + 10 + 20$$
$$= 40 \text{ kN}$$

その作用線の位置は, P_1 の作用線上の任意の点 $\overline{O}$ に対する各力のモーメントの和が, 合力 R の点 $\overline{O}$ に対するモーメントと等しいので,

$$P_2 \times 15 \text{ m} + P_3 \times 25 \text{ m} = R \times x_0$$

$$x_0 = \frac{1}{R} (10 \text{ kN} \times 15 \text{ m}$$
$$+ 20 \text{ kN} \times 25 \text{ m})$$
$$= \frac{650 \text{ kN·m}}{40 \text{ kN}} = 16.25 \text{ m}$$

連力図を描いて確認する. 図1.10に示す力の多角形から, 合力 R と釣合う R' は分力Ⅰと分力Ⅳの合力と見なせる. 分力Ⅰ～Ⅳまでを図1.9の P_1～P_3 の中に書き込んで連力図を描く.

図1.9において分力Ⅰと分力Ⅳの作用線の延長が交わる点 r は, 合力 R の作用線上の点となり, $x_0 = 16.25$ m は正しいことが確認された.

基本問題4　図1.11に示すような1点に集まらない3つの力 P_1, P_2, P_3 の合力 R を求めよ.

[解答]　連力図を描いて確認する. 図1.12に示すように, 力の多角形を描く. 合力 R の大きさは $\vec{ad}$ となり, 方向も決ま

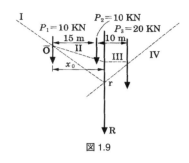

図1.9

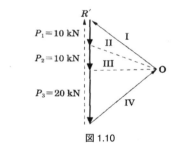

図1.10

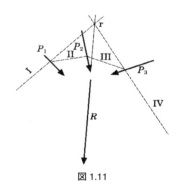

図1.11

る．次に，合力 R と釣合う力 R' は，分力Ⅰと分力Ⅳの合力と見なせる．分力Ⅰ～Ⅳまでを図1.11 の $P_1 \sim P_3$ の中に書き込んで連力図を描く．

図 1.11 において分力Ⅰと分力Ⅳの作用線の延長が交わる点 r は，合力 R の作用線上の点となる．合力 R の作用線の方向は，$\vec{ad}$ と同じである．

[考察] 力 P_1, P_2 および P_3 の合力 R は，分力Ⅰと分力Ⅳで釣合うことがわかる．得られた作用線上のどこに移動しても，合力 R の効果は同じである．

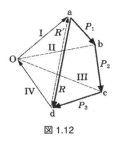

図 1.12

|基本問題 5| 図 1.13 に示すように 4 つの力 P_1, P_2, P_3, P_4 があるとき，これらの合力と釣合う力 R' の大きさと方向・向きを求めよ．

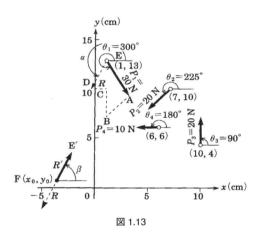

図 1.13

[解答] 点線でつくった力の多角形から求められる合力 R の大きさと方向が $\vec{ED}$ によって与えられる（図上では $R=22$ N，$\alpha=245°$ と読みとれる）．

次に，4 つの力の $\sum H$, $\sum V$ を計算すると表 1.2 のようになる．

$$R=\sqrt{(\sum H)^2+(\sum V)^2}=\sqrt{(-9.14)^2+(-20.12)^2}=22.10 \text{ N}$$

$$\tan\alpha=\frac{\sum V}{\sum H}=\frac{-20.12}{-9.14}=2.2013 \text{ よって } \alpha=245.6°$$

$$\beta=\alpha+180°=245.6°+180°=65.6°$$

次に，合力 R の作用線が通る点 (x_0, y_0) は

$$x_0=\frac{\sum(V\cdot x)}{\sum V}=\frac{75.04}{-20.12}=-3.730 \text{ cm}$$

表1.2

P(N)	θ(°)	x(cm)	y(cm)	$H = P\cos\theta$ (N)	$V = P\sin\theta$ (N)	$H \cdot y =$ (N·cm)	$V \cdot x =$ (N·cm)
30	300	1	13	15.00	−25.98	195.00	−25.98
20	225	7	10	−14.14	−14.14	−141.40	−98.98
20	90	10	4	0.00	20.00	0.00	200.00
10	180	6	6	−10.00	0.00	−60.00	0.00
計				−9.14	−20.12	−6.40	75.04

$$y_0 = \frac{\sum(H \cdot y)}{\sum H} = \frac{-6.40}{-9.14} = 0.700 \text{ cm}$$

となる.

したがって，合力 R と釣合う力 R' の作用線は，図1.14に示すように点 F(−3.730, 0.700) を通り，大きさ 22.10 N で x 軸に対して 65.6°の方向に点 F から点 E′ に向かって作用する．

また，図1.14に示すように最初の線①と最後の線⑤の交点 F′ を求めると，点 F は F′ を通る作用線上にあることがわかる．ゆえに連力図は閉合しており，釣合い状態にある．

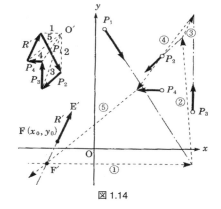

図1.14

2. 断面の性質

公式

（1） 図心と断面2次モーメント

$$x_0 = \frac{\sum(A \cdot x)}{\sum A} \\ y_0 = \frac{\sum(A \cdot y)}{\sum A} \Biggr\} \quad (2\text{-}1)$$

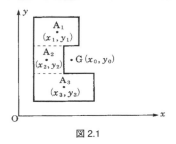

図 2.1

$$I_x = \int y^2 dA \\ I_y = \int x^2 dA \quad (2\text{-}2)$$

$$I_X = I_x + y_0^2 A \\ I_Y = I_y + x_0^2 A \Biggr\} \quad (2\text{-}3)$$

断面2次極モーメント

$$I_p = I_x + I_y = \int \rho^2 dA \quad (2\text{-}4)$$

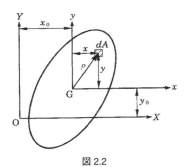

図 2.2

（2） 組合せ断面の断面2次モーメント

$$I_X = \sum I_x + \sum(y_0^2 \cdot A) \quad (2\text{-}5)$$

図心を通る x 軸に関する断面2次モーメント

$$I_x = I_X - y_0^2 \sum A \quad (2\text{-}6)$$

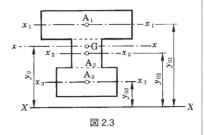

図 2.3

基本問題 1 図 2.4 に示すような矩形断面や三角形断面と中空円形断面の断面 2 次モーメントを求める公式を誘導せよ．

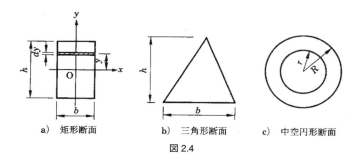

a) 矩形断面　　　b) 三角形断面　　　c) 中空円形断面

図 2.4

[解答]

1) 矩形断面〔図 2.4 a)〕

$dA = b\,dy$ より

$$I_x = \int y^2 dA = \int_{-h/2}^{+h/2} y^2 b\,dy = \frac{1}{3}b\left[y^3\right]_{-h/2}^{+h/2} = \frac{bh^3}{12}$$

2) 三角形断面〔図 2.4 b)〕

三角形の頂点を通る X 軸を考え，まず I_X を求める．図 2.5 a) に示すように

$dA = \left(b \times \dfrac{y}{h}\right) dy$ より

$$I_X = \int_0^h y^2 dA = \int_0^h \left(b \times \frac{y}{h}\right) y^2 dy$$

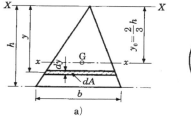
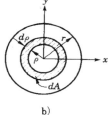

a)　　　　　　　　　　b)

図 2.5

$$=\frac{b}{h}\int_0^h y^3 dy = \frac{b}{h}\left[\frac{y^4}{4}\right]_0^h = \frac{bh^3}{4}$$

次に，図心を通る x 軸に関する断面2次モーメントは，公式 (2-6) より

$$I_x = I_X - y_0^2 A$$

$$= \frac{bh^3}{4} - \left(\frac{2}{3}h\right)^2\left(\frac{bh}{2}\right) = \frac{9bh^3}{36} - \frac{8bh^3}{36} = \frac{bh^3}{36}$$

3) 中空円形断面〔図 2.4 c)〕

まず円形断面について考えると，図 2.5 b) に示すように $dA = 2\pi\rho d\rho$ より断面2次極モーメントは

$$I_p = \int_0^r \rho^2 dA = \int_0^r 2\pi\rho^3 d\rho = \frac{1}{2}\pi r^4$$

$I_p = I_x + I_y$ より

$$I_x = I_y = \frac{I_p}{2} = \frac{1}{4}\pi r^4 \quad \left(= \frac{\pi d^4}{64}, \text{ここで } d \text{ は直径}\right)$$

したがって，中空円形断面の場合は，半径 R の円の断面2次モーメントから半径 r の円の断面2次モーメントを引いて

$$I_x = \frac{\pi}{4}(R^4 - r^4)$$

基本問題2 図 2.6 に示すような断面積の等しい3つの矩形断面の図心を通る x 軸に関する断面2次モーメントを求め，その値を比較考察せよ．

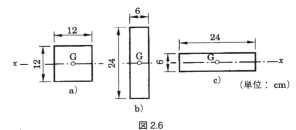

図 2.6

[解答] a) の断面：$1\,728\text{ cm}^4$
b) の断面：$6\,912\text{ cm}^4$
c) の断面：432 cm^4

[考察] 断面積の等しい3つの矩形断面の断面2次モーメントが大きく異なるのは，$I_x = bh^3/12$ から I_x の値は，幅に比例し高さの3乗に比例するためである．したがって b) の断面がもっとも大きな断面2次モーメントを有する．

基本問題 3 図 2.7 に示すような断面積の等しい 3 つの断面の図心を通る x 軸に関する断面 2 次モーメントを求めよ．また，x 軸から $y_0 = 20$ cm 離れた X 軸に関する断面 2 次モーメントを求め，比較考察せよ．

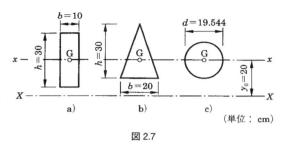

図 2.7

[解答]

1) 矩形断面〔図 2.7 a)〕

$$I_x = \frac{bh^3}{12} = \frac{10 \times 30^3}{12} = 22\,500 \text{ cm}^4$$

$$I_X = I_x + y_0^2 A = 22\,500 + 20^2 \times 10 \times 30 = 142\,500 \text{ cm}^4$$

2) 三角形断面〔図 2.7 b)〕

$$I_x = \frac{bh^3}{36} = \frac{20 \times 30^3}{36} = 15\,000 \text{ cm}^4$$

$$I_X = I_x + y_0^2 A = 15\,000 + 20^2 \times \frac{20 \times 30}{2} = 135\,000 \text{ cm}^4$$

3) 円形断面〔図 2.7 c)〕

$$I_x = \frac{\pi d^4}{64} = \frac{3.1416 \times (19.544)^4}{64} = 7\,162 \text{ cm}^4$$

$$I_X = I_x + y_0^2 A = 7\,162 + 20^2 \times \frac{3.1416 \times (19.544)^2}{4} = 127\,162 \text{ cm}^4$$

[考察] 断面積の等しい 3 つの断面の断面 2 次モーメントがもっとも大きいのは矩形断面となる．しかしながら，X 軸に関する値は $y_0^2 A$ の値がそれぞれ等しいため大きな違いがみられなくなる．また，梁の曲げ応力の計算では，第 4 章の説明のとおり断面の図心を通る x 軸まわりの断面 2 次モーメント I_x を用いる．これに対し，柱の座屈荷重の計算では，第 7 章の説明のとおり断面の弱軸まわりの断面 2 次モーメント $I_{\min}$ を用いる．

基本問題 4 図 2.8 に示すような T 形断面の図心を通る x 軸に関する断面 2

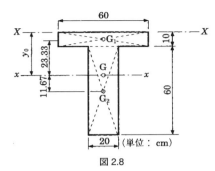

図 2.8

表 2.1

断面	寸法 (cm×cm) $b \times h$	断面積 (cm²) A	X軸からの距離 (cm) y	断面1次モーメント (cm³) $A \cdot y$
A_1	60×10	600	5	3 000
A_2	20×60	1 200	40	48 000
計		1 800		51 000

次モーメントを求めよ.

[**解答**] 図心を通る x 軸の位置は,表2.1から

$$y_0 = \frac{\sum(A \cdot y)}{\sum A} = \frac{51\,000}{1\,800} = 28.33 \text{ cm}$$

x 軸に関する断面2次モーメントは,各断面要素の断面2次モーメントを図心軸まで平行移動し,合計すれば求められる.公式 (2-5) を図心を通る x 軸に適用して

$$I_x = I_1 + I_2 = \frac{60 \times 10^3}{12} + \left(28.33 - \frac{10}{2}\right)^2 \times 60 \times 10$$
$$+ \frac{20 \times 60^3}{12} + \left\{\frac{60}{2} - (28.33 - 10)\right\}^2 \times 20 \times 60$$
$$= \underbrace{5\,000}_{①} + 23.33^2 \times 600 + \underbrace{360\,000}_{②} + 11.67^2 \times 1\,200 = 855\,000 \text{ cm}^4$$

となる.

[**別解**] まず I_X を求めてから,公式 (2-6) より x 軸に関する断面2次モーメントを求める.
表2.2から

$$I_X = 2\,300\,000 \text{ cm}^4$$

図心を通る x 軸に関する断面2次モーメントは

$$I_x = I_X - y_0^2 \sum A = 2\,300\,000 - (28.33)^2 \times 1\,800 = 855\,340 \text{ cm}^4$$

表 2.2

断面	断面2次モーメント (cm⁴)		
	$bh^3/12$	$y^2 A$	I_x
A_1	5 000 ①	5²× 600 = 15 000	20 000
A_2	360 000 ②	40²×1 200 = 1 920 000	2 280 000
計			2 300 000

[考察] 別解の値は 340 cm⁴ の誤差を含んでいる．これは，y_0 の値 28.3333……cm を 28.33 cm としたためである．しかしながら，この誤差はわずか 0.04% であり，y_0 値として小数点以下 2 桁までを用いれば実用上は問題ない．

基本問題 5 図 2.9 に示すような I 形断面の図心を通る x 軸に関する断面 2 次モーメントを求めよ．

[解答] 断面を 3 つの長方形断面に分け，断面 A_2 の図心 G_2 を通るように X 軸を選ぶと，X 軸に関する断面 2 次モーメントは，表 2.3 のようになる．

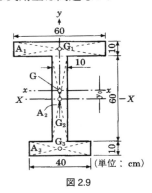

図 2.9

図心を通る x 軸の位置は，表 2.3 から

$$y_0 = \frac{\sum (A \cdot y)}{\sum A} = \frac{7\,000}{1\,600} = 4.38 \text{ cm}$$

表 2.3

断面	寸法 (cm×cm) $b \times h$	断面積 (cm²) A	X 軸からの距離 (cm) y	断面1次モーメント (cm³) $A \cdot y$	断面2次モーメント (cm⁴) $bh^3/12$	$y^2 A$	I_x
A_1	60×10	600	35	21 000	5 000	735 000	740 000
A_2	10×60	600	0	0	180 000	0	180 000
A_3	40×10	400	−35	−14 000	3 333	490 000	493 333
計		1 600		7 000			1 413 333

したがって，図心を通る x 軸に関する断面 2 次モーメントは公式 (2-6) より

$$\begin{aligned} I_x &= I_X - y_0^2 \sum A \\ &= 1\,413\,333 - (4.38)^2 \times 1\,600 \\ &= 1\,382\,638 \text{ cm}^4 \end{aligned}$$

となる．

【応用問題】 図 2.10 のような長方形を組み合わせた部材断面の図心を求めよ．

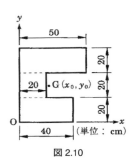

図 2.10

【応用問題ヒント】
$$x_0 = \frac{\sum(A \cdot x)}{\sum A}, \qquad y_0 = \frac{\sum(A \cdot y)}{\sum A}$$

【応用問題解答】図心の位置は点 O から x 軸上に $x_0 = 20.45$ cm，y 軸上に $y_0 = 31.82$ cm 離れた点 G (20.45, 31.82) となる．

3. 静定梁

公式

（1） 静定梁の支点反力

静定梁の支点反力は，釣合い条件式（3-1）によって求められる．

$$\left.\begin{array}{l}\sum H=0\\\sum V=0\\\sum M=0\end{array}\right\} \quad (3\text{-}1)$$

なお，図 3.1 に示すように集中荷重が多数載荷する場合は，公式（3-2）によって容易に反力が求まる．

$$\left.\begin{array}{l}R_A=\dfrac{1}{l}\sum Pb\\[4pt]R_B=\dfrac{1}{l}\sum Pa\end{array}\right\} \quad (3\text{-}2)$$

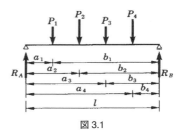

図 3.1

（2） 梁の断面力

梁に生じる断面力には，軸力 N，せん断力 S，曲げモーメント M がある．これらの断面力の符号は，図 3.2 に従うものとする．

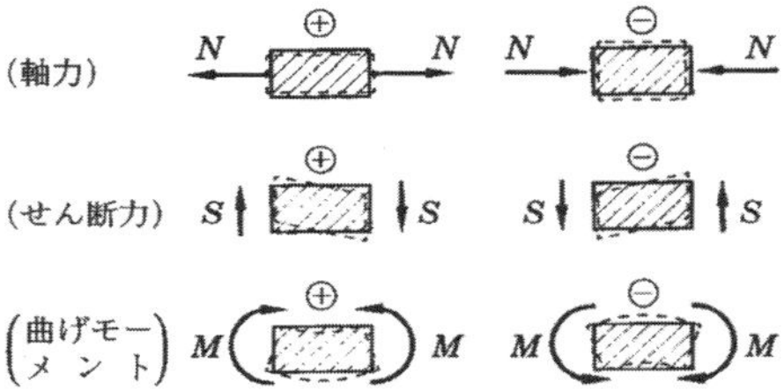

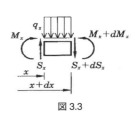

図 3.2

（3） 分布荷重，せん断力および曲げモーメントの関係

$$\dfrac{dS_x}{dx}=-q_x \quad (3\text{-}3)$$

$$\dfrac{dM_x}{dx}=S_x \quad (3\text{-}4)$$

$$\dfrac{d^2M_x}{dx^2}=\dfrac{dS_x}{dx}=-q_x \quad (3\text{-}5)$$

図 3.3

≪梁の断面力の算定手順≫
① 支点反力を求める．
② 求めようとする任意の断面において，梁を左右2つの部材に分割する．
③ 切断面に正の軸力 N，せん断力 S，曲げモーメント M を作用させる．
④ 左右どちらかの部材について，公式（3-1）を適用することによって，N, S, M が求められる．

1) 単純梁

求めようとする任意点 x の断面力は左部材について

$\sum H=0$ より
$N_x=0$ ∴ $N_x=0$
$\sum V=0$ より
$R_A-P_1-S_x=0$
∴ $S_x=R_A-P_1$
$\sum M=0$ より
$R_A x-P_1(x-a)-M_x=0$
∴ $M_x=R_A x-P_1(x-a)$

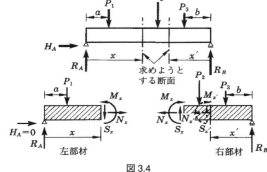

図 3.4

求めようとする任意点 x' の断面力は右部材について

$\sum H=0$ より $-N_{x'}=0$ ∴ $N_{x'}=0$
$\sum V=0$ より $R_B-P_3+S_{x'}=0$ ∴ $S_{x'}=-R_B+P_3$
$\sum M=0$ より $M_{x'}+P_3(x'-b)-R_B x'=0$ ∴ $M_{x'}=R_B x'-P_3(x'-b)$

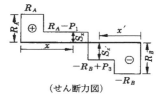
（せん断力図）

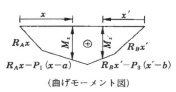
（曲げモーメント図）

図 3.5

2) 片持ち梁

求めようとする任意点 x の断面力は右部材について

$\sum H = 0$ より
$-N_x = 0$
$\therefore N_x = 0$
$\sum V = 0$ より
$S_x - P_2 = 0$
$\therefore S_x = P_2$
$\sum M = 0$ より
$M_x + P_2(x-a) = 0$
$\therefore M_x = -P_2(x-a)$

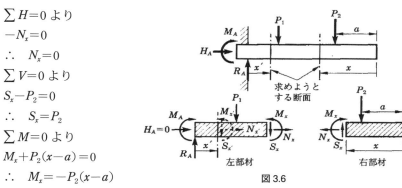

図 3.6

求めようとする任意点 x' の断面力は左部材について

$\sum H = 0$ より　　$N_{x'} = 0$　　　　　　　　　$\therefore N_{x'} = 0$
$\sum V = 0$ より　　$R_A - S_{x'} = 0$　　　　　　$\therefore S_{x'} = R_A$
$\sum M = 0$ より　　$M_A + R_A x' - M_{x'} = 0$　　$\therefore M_{x'} = M_A + R_A x'$

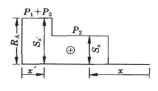
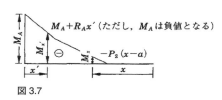

図 3.7

基本問題 1　図 3.8 に示すような単純梁に 3 つの集中荷重が作用している．また，梁の自重は長さ方向に 10 kN/m である．まず，自重を無視した場合の反力 R_A，R_B を求めよ．次に，自重を考慮した場合の反力を求めて比較考察せよ．

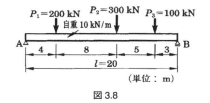

図 3.8

[解答]
1) 自重を無視した場合
図 3.9 において自重を換算した集中荷重 $\overline{P}$ を無視すると

$\sum M_B=0$ から
$$\sum M_B = R_A \times 20 - P_1 \times 16 - P_2 \times 8 - P_3 \times 3 = 0$$
よって $R_A = \dfrac{1}{20}(200 \times 16 + 300 \times 8 + 100 \times 3) = 295 \text{ kN}$

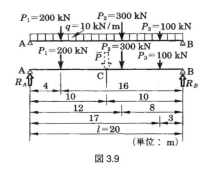

図3.9

$\sum M_A=0$ から
$$\sum M_A = -R_B \times 20 + P_1 \times 4 + P_2 \times 12 + P_3 \times 17 = 0$$
よって $R_B = \dfrac{1}{20}(200 \times 4 + 300 \times 12 + 100 \times 17) = 305 \text{ kN}$

[検算] $\sum V = R_A - P_1 - P_2 - P_3 + R_B = 295 - 200 - 300 - 100 + 305 = 0$

2) 自重を考慮した場合

図3.9に示すように梁自重を等分布荷重として扱い，これを集中荷重に換算する．

換算集中荷重 $\bar{P} = q \times l = 10 \text{ kN/m} \times 20 \text{ m} = 200 \text{ kN}$

作用点は，スパン中央の点Cとなる．

$\sum M_B=0$ から
$$\sum M_B = R_A \times 20 - P_1 \times 16 - \bar{P} \times 10 - P_2 \times 8 - P_3 \times 3 = 0$$
よって $R_A = \dfrac{1}{20}(200 \times 16 + 200 \times 10 + 300 \times 8 + 100 \times 3) = 395 \text{ kN}$

$\sum M_A=0$ から
$$\sum M_A = -R_B \times 20 + P_1 \times 4 + \bar{P} \times 10 + P_2 \times 12 + P_3 \times 17 = 0$$
よって $R_B = \dfrac{1}{20}(200 \times 4 + 200 \times 10 + 300 \times 12 + 100 \times 17) = 405 \text{ kN}$

[検算] $\sum V = R_A - P_1 - \bar{P} - P_2 - P_3 + R_B = 395 - 200 - 200 - 300 - 100 + 405 = 0$

[考察] 自重は $10 \text{ kN} \times 20 \text{ m} = 200 \text{ kN}$ であり，これによる反力は $R_A = R_B = 100 \text{ kN}$ となる．したがって，自重を無視した場合の反力の値に 100 kN を加えた値が自重を考慮した場合の反力の値であることがわかる．

[別解] 公式 (3-2) による解法

$$R_A = \frac{1}{l}\sum Pb = \frac{1}{20}(200\times16+200\times10+300\times8+100\times3)=395\text{ kN}$$

$$R_B = \frac{1}{l}\sum Pa = \frac{1}{20}(200\times4+200\times10+300\times12+100\times17)=405\text{ kN}$$

集中荷重が多い場合には，反力はこの方法で求めていく．

[基本問題2] 図3.10に示すような単純梁に2つの集中荷重が作用しているときのせん断力図および曲げモーメント図を描き，両図を比較考察せよ．

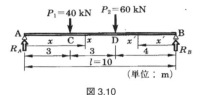

図3.10

[解答]

$$R_A = \frac{1}{l}\sum Pb = \frac{1}{10}(40\times7+60\times4)=52\text{ kN}$$

$$R_B = \frac{1}{l}\sum Pa = \frac{1}{10}(40\times3+60\times6)=48\text{ kN}$$

[検算] $\sum V=0$ から $R_A-P_1-P_2+R_B=52-40-60+48=0$

図3.11に示すように，点Aから点Bに向かって力の合成図を描く．次に力の釣合い図を描き，符号に注意すれば，せん断力図が求まる（上側に⊕の値をとって図化する）．

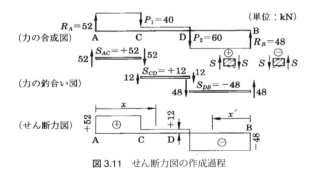

図3.11 せん断力図の作成過程

各点の曲げモーメントは

$$M_A = M_B = 0$$
$$M_C = R_A\times3 = 52\times3 = 156\text{ kN}\cdot\text{m}$$

$$M_D = R_A \times 6 - P_1 \times 3 = 52 \times 6 - 40 \times 3 = 192 \text{ kN·m}$$

または

$$M_D = R_B \times 4 = 48 \times 4 = 192 \text{ kN·m}$$

これらの値から曲げモーメント図が求まる（曲げモーメントと変形の状態を対応させるため，下側に⊕の値をとって図化する）．

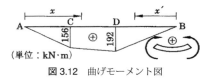

図 3.12　曲げモーメント図

［考察］　得られたせん断力図と曲げモーメント図から，曲げモーメントが最大となるのは，せん断力の符号が正から負に変化する位置であることがわかる．また，各点の曲げモーメントの値は，その点までのせん断力図の面積に等しいことがわかる．図3.11の面積に注目すると $52 \text{ kN} \times 3 \text{ m} + 12 \text{ kN} \times 3 \text{ m} = 156 + 36 = 192 \text{ kN·m}$ となり M_D の値と一致する．

［別解］　任意点の x のせん断力は $\sum V = 0$ より

$$S_x = R_A = 52 \text{ kN} \qquad (x = 0 \sim 3 \text{ m})$$
$$S_x = R_A - P_1 = 52 - 40 = 12 \text{ kN}$$
$$\qquad (x = 3 \sim 6 \text{ m})$$

任意点の x' のせん断力は $\sum V = 0$ より

$$S_{x'} = -R_B = -48 \text{ kN}$$
$$\qquad (x' = 0 \sim 4 \text{ m})$$

任意点 x の曲げモーメントは $\sum M = 0$ より

$$M_x = R_A x \qquad (x = 0 \sim 3 \text{ m})$$
$$M_x = R_A x - P_1(x-3)$$
$$\qquad (x = 3 \sim 6 \text{ m})$$

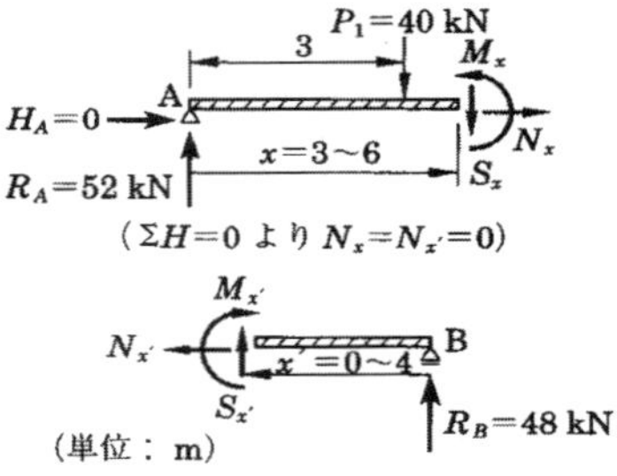

任意点 x' の曲げモーメントは $\sum M = 0$ より

$$M_{x'} = R_B x' \qquad (x' = 0 \sim 4 \text{ m})$$

図 3.13

x を 0～6 m，x' を 0～4 m まで変化させれば，せん断力図と曲げモーメント図が描ける．

［考察］　S_x と M_x の各式から $dM_x/dx = S_x$ なる関係が成り立つことがわかる．また，この式から曲げモーメントの変化する割合は，その点のせん断力に等しいといえる〔公式（3-4）参照〕．

基本問題3 図3.14 a)に示すように固定端が右側にある場合と，図3.14 b)に示すように固定端が左側にある場合について，集中荷重が作用する片持ち梁のせん断力図および曲げモーメント図を描き，それぞれ比較考察せよ．

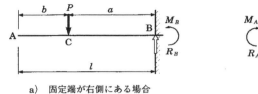

a) 固定端が右側にある場合   b) 固定端が左側にある場合

図 3.14

[解答]

a) 固定端が右側にある場合　　　b) 固定端が左側にある場合

$\sum V = 0$ から　　　　　　　　$\sum V = 0$ から

$-P + R_B = 0$　∴　$R_B = P$　　$R_A - P = 0$　∴　$R_A = P$

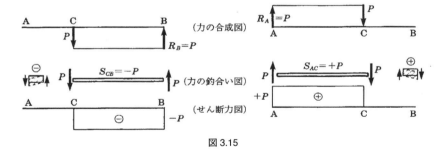

図 3.15

図 3.15 に示すように，力の釣合い図をイメージし，せん断力の符号の定義に従ってせん断力を描けばよい．

次に，自由端では曲げモーメントは生じないことに着目すると，図 3.16 に示すような曲げモーメント図を描くことができる．

$\sum M_A = -M_B - R_B l + P b = 0$ より　　　　$\sum M_B = M_A + R_A l - P b = 0$ より
　　$M_B = -R_B l + P b$　　　　　　　　　　　　　$M_A = P b - R_A l$
　　　　$= -P(l-b) = -Pa$　　　　　　　　　　　　　$= -P(l-b) = -Pa$

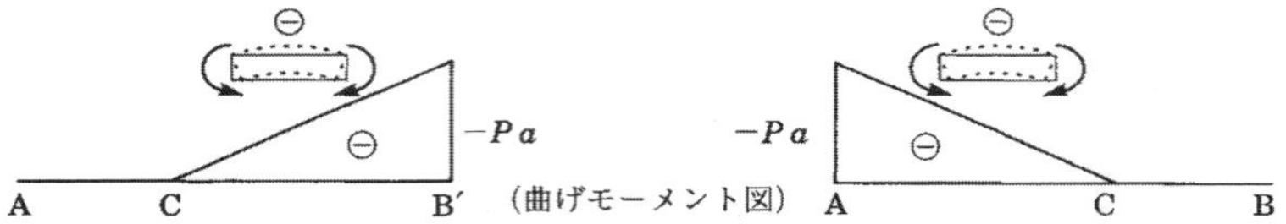

図 3.16

[考察] 固定端では，モーメント荷重（$P \times a$）と釣合う負の曲げモーメント（断面力）を生じることがわかる．ま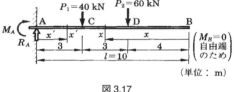たせん断力図は，固定端が右側にある場合は負，左側にある場合は正の符号となるが，これは符号の定義に基づくもので，せん断力の大きさに変わりはない．

図 3.17

[基本問題 4] 図 3.17 に示すような片持ち梁に 2 つの集中荷重が作用しているときのせん断力図および曲げモーメント図を描き，両図を比較せよ．

[解答] $\sum V = 0$ から
　　　　$R_A - P_1 - P_2 = 0$　　∴　$R_A = 40 + 60 = 100\,\text{kN}$

図 3.18 a）に示すように，点 A から点 B に向かって力の合成図を描く．次に，力の釣合い図をイメージし，符号に注意すればせん断力とせん断力図が求まる．

各点の曲げモーメントは，自由端では曲げモーメントが 0 になることに着目して，$\sum M_B = M_A + R_A \times 10 - P_1 \times 7 - P_2 \times 4 = 0$ より
　　　　$M_A = -R_A \times 10 + P_1 \times 7 + P_2 \times 4$
　　　　　　$= -100 \times 10 + 40 \times 7 + 60 \times 4 = -480\,\text{kN}\cdot\text{m}$

あるいは点 A に着目して $\sum M = 0$ より
　　　　$\widehat{M_A} + \widehat{P_1 \times 3}\,\text{m} + \widehat{P_2 \times 6}\,\text{m} = 0$
　　∴　$\widehat{M_A} = -40 \times 3 - 60 \times 6 = -120 - 360 = -480\,\text{kN}\cdot\text{m}$
　　　　$M_C = R_A \times 3 + M_A = 100 \times 3 - 480 = -180\,\text{kN}\cdot\text{m}$

$M_D = R_A \times 6 + M_A - P_1 \times 3 = 100 \times 6 - 480 - 40 \times 3 = 0$ kN・m

これらの値から曲げモーメント図が求まる．

[考察]　得られたせん断力図と曲げモーメント図から，下向きの荷重を受ける片持ち梁の最大せん断力と最大曲げモーメントは，ともに固定端で生じることがわかる．また，自由端側の部材 DB 間には，せん断力と曲げモーメントの両方とも生じないことがわかる．

[別解]　任意点 x のせん断力は $\sum V = 0$ より

$S_x = 0 \quad (x = 0 \sim 4\,\text{m})$

$S_x = P_2 = 60$ kN　$(x = 4 \sim 7\,\text{m})$

任意点 x' のせん断力は $\sum V = 0$ より

$S_x = R_A = 100$ kN　$(x' = 0 \sim 3\,\text{m})$

任意点 x の曲げモーメントは $\sum M = 0$ より

$M_x = 0 \quad (x = 0 \sim 4\,\text{m})$

$M_x = -P_2(x-4) \quad (x = 4 \sim 7\,\text{m})$

任意点 x' の曲げモーメントは $\sum M = 0$ より

$M_{x'} = M_A + R_A x' = -480 + R_A x'$

$(x' = 0 \sim 3\,\text{m})$

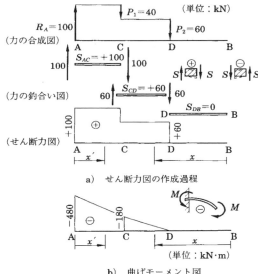

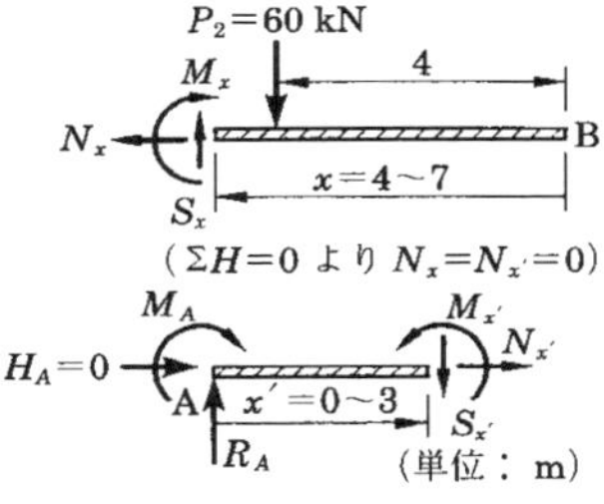

a)　せん断力図の作成過程

b)　曲げモーメント図

図 3.18

図 3.19

x を $0 \sim 7$ m，x' を $0 \sim 3$ m まで変化させれば，せん断力図と曲げモーメント図が描ける．

[考察]　S_x と M_x の各式から $dM_x/dx = -S_x$ なる関係が得られる．ここで，－（マイナス）が付くのは x を右端から左に向かってとっているためで，左端から右に向かってとれば，$M_x = -480 + R_A x = -480 + (P_2 + P_1) x$ となり $dM_x/dx =$

S_x が得られる.

基本問題5 図3.20に示すような集中荷重を受ける単純梁において，自重を考慮した場合のせん断力図と曲げモーメント図を描け．ここで，部材は

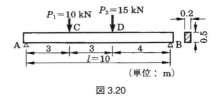

図3.20

矩形断面とし，その材質は均一で，単位重量は 25.0 kN/m^3 とする.

[解答] まず，自重を m 当たりに換算すると

$$q = (0.2 \times 0.5 \times 10) \text{m}^3 \times 25.0 \text{ kN/m}^3 \div 10 \text{ m} = 2.5 \text{ kN/m}$$

これより，集中荷重 P_1, P_2 と等分布荷重 q が作用する単純梁を解けばよい．

$$R_A = \frac{1}{l}\sum Pb + \frac{1}{2}ql = \frac{1}{10}(10 \times 7 + 15 \times 4) + \frac{1}{2}(2.5) \times 10 = 25.5 \text{ kN}$$

$$R_B = \frac{1}{l}\sum Pa + \frac{1}{2}ql = \frac{1}{10}(10 \times 3 + 15 \times 6) + \frac{1}{2}(2.5) \times 10 = 24.5 \text{ kN}$$

[検算] $\sum V = 0$ から $R_A - P_1 - P_2 - ql + R_B = 25.5 - 10 - 15 - 25 + 24.5 = 0$

$x = 0 \sim 3$ m の区間における任意点 x の断面力は

$\sum H = 0$ より ∴ $N_x = 0$

$\sum V = 0$ より $R_A - qx - S_x = 0$

∴ $S_x = R_A - qx$

$\sum M = 0$ より $R_A x - qx\dfrac{x}{2} - M_x = 0$

∴ $M_x = R_A x - \dfrac{1}{2}qx^2$

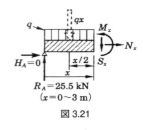

図3.21

このようにして，各任意点におけるせん断力は

$S_x = R_A - qx = 25.5 - 2.5x$ ($x = 0 \sim 3$ m)

$S_x = R_A - P_1 - qx = 15.5 - 2.5x$

($x = 3 \sim 6$ m)

$S_x = R_A - P_1 - P_2 - qx = 0.5 - 2.5x$

($x = 6 \sim 10$ m)

となり x を 0 から 10 m まで変化させれば，せん断力図が求まる．

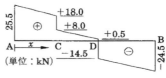

図3.22 せん断力図

同様に，各任意点における曲げモーメントは

$$M_x = R_A x - \frac{1}{2}qx^2 = 25.5x - 1.25x^2 \quad (x=0 \sim 3\text{ m})$$

$$M_x = R_A x - P_1(x-3) - \frac{1}{2}qx^2 = 15.5x + 30.0 - 1.25x^2 \quad (x=3 \sim 6\text{ m})$$

$$M_x = R_A x - P_1(x-3) - P_2(x-6) - \frac{1}{2}qx^2$$

$$= 0.5x + 120.0 - 1.25x^2 \quad (x=6 \sim 10\text{ m})$$

となり x を 0 から 10 m まで変化させれば，曲げモーメント図が求まる．

[重ね合わせ] せん断力図と曲げモーメント図は，集中荷重が作用する場合と等分布荷重が作用する場合の各々の図を重ね合わせることによっても描くことができる．

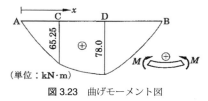

図 3.23 曲げモーメント図

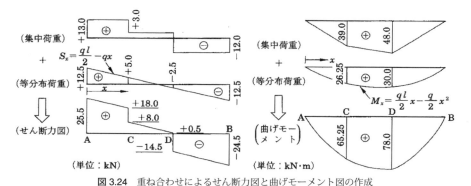

図 3.24 重ね合わせによるせん断力図と曲げモーメント図の作成

基本問題 6 図 3.25 に示すような単純梁に三角形分布荷重が作用しているときのせん断力図と曲げモーメント図を描き，曲げモーメントの最大値とそれが生じる点 C の位置を求めよ．

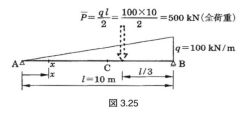

図 3.25

梁 AB を図 3.26 に示すように垂直にしてみよう．本問の具体例として，水門のゲートが対象となることがわかる．

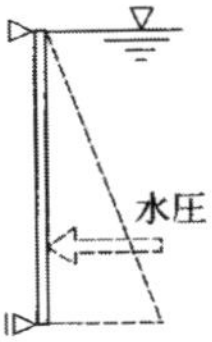

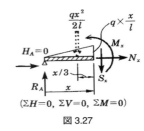

図 3.26

[解答]

$$R_A = \frac{1}{l} \frac{ql}{2} \frac{l}{3} = \frac{ql}{6} = \frac{100 \times 10}{6} = \frac{1\,000}{6} \fallingdotseq 167\,\text{kN}$$

$$R_B = \frac{1}{l} \frac{ql}{2} \frac{2l}{3} = \frac{ql}{3} = \frac{100 \times 10}{3} = \frac{1\,000}{3} \fallingdotseq 333\,\text{kN}$$

任意点 x の軸力は $\sum H = 0$ より ∴ $N_x = 0$

任意点 x のせん断力は $\sum V = 0$ より

$$R_A - \left(q\frac{x}{l}\right)\frac{x}{2} - S_x = 0$$

∴ $S_x = R_A - \dfrac{qx^2}{2l} = \dfrac{ql}{6}\left\{1 - 3\left(\dfrac{x}{l}\right)^2\right\}$

任意点 x の曲げモーメントは $\sum M = 0$ より

$$R_A x - \left(\frac{qx^2}{2l}\right)\frac{x}{3} - M_x = 0$$

∴ $M_x = R_A x - \dfrac{qx^3}{6l}$

$= \dfrac{ql^2}{6}\left\{\dfrac{x}{l} - \left(\dfrac{x}{l}\right)^3\right\}$

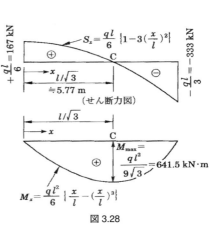

図 3.27

図 3.28

せん断力が 0 となる点 C の位置は，$S_x = 0$ とすると

$$\left(\frac{x}{l}\right)^2 = \frac{1}{3}$$

∴ $x = \dfrac{l}{\sqrt{3}} = \dfrac{10}{\sqrt{3}} \fallingdotseq 5.77\,\text{m}$

M_x の式に $x = l/\sqrt{3}$ を代入すると

$$M_{max} = \frac{ql^2}{9\sqrt{3}} = \frac{100 \times 10^2}{9\sqrt{3}} = \frac{10\,000}{9\sqrt{3}} = \frac{10\,000}{15.59} = 641.5\,\text{kN·m}$$

となり，曲げモーメント図が求まる．

基本問題7 図3.29に示すような張出し梁に3つの集中荷重が作用しているときのせん断力図および曲げモーメント図を描き，変形のイメージ図を示せ．

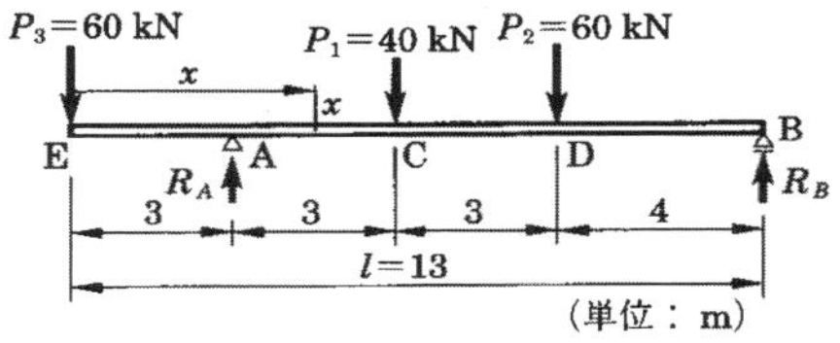

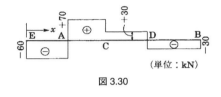

図3.29

[解答] $\sum M_B = 0$ から

$-60 \times 13 + R_A \times 10 - 40 \times 7 - 60 \times 4$
$= 0$　よって　$R_A = 130$ kN

$\sum V = 0$ から

$-P_3 + R_A - P_1 - P_2 + R_B$
$= -60 + 130 - 40 - 60 + R_B = 0$
　　よって　$R_B = 30$ kN

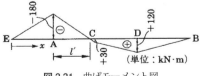

図3.30

任意点 x のせん断力は，任意断面における釣合い条件 $\sum V = 0$ より

$S_x = -P_3 = -60$ kN　　$(x = 0 \sim 3 \text{ m})$
$S_x = -P_3 + R_A = -60 + 130 = 70$ kN　　$(x = 3 \sim 6 \text{ m})$
$S_x = -P_3 + R_A - P_1 = -60 + 130 - 40 = 30$ kN　　$(x = 6 \sim 9 \text{ m})$
$S_x = -P_3 + R_A - P_1 - P_2 = -60 + 130 - 40 - 60 = -30$ kN　　$(x = 9 \sim 13 \text{ m})$

となり，せん断力図が求まる．

任意の点の曲げモーメントは，任意断面における釣合い条件 $\sum M = 0$ より

$M_x = -P_3 x = -60x$　　$(x = 0 \sim 3 \text{ m})$
$M_x = -P_3 x + R_A(x-3) = 70x - 390$　　$(x = 3 \sim 6 \text{ m})$
$M_x = -P_3 x + R_A(x-3) - P_1(x-6) = 30x - 150$　　$(x = 6 \sim 9 \text{ m})$
$M_x = -P_3 x + R_A(x-3) - P_1(x-6) - P_2(x-9) = -30x + 390$　$(x = 9 \sim 13 \text{ m})$

となり x を 0 から 13 m まで変化させれば，曲げモーメント図が求まる．

梁の曲げ変形は，正の曲げモーメントのときは下に凸，負の曲げモーメントのときは上に凸の変形状態となることから，変形のイメージ図を描くことができる．

図3.31　曲げモーメント図

ここで，反曲点 X の位置を求めると

$$l' = \overline{\text{AC}} \times \frac{180}{180+30}$$

$$= 3.0 \times \frac{180}{210} = 2.57 \text{ m}$$

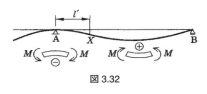

図 3.32

から，支点 A から 2.57 m 離れた点であることがわかる．

基本問題 8 図 3.33 に示すような単純梁に集中荷重が作用しているときのせん断力図および曲げモーメント図を描け．

［解答］このような載荷状態の場合には，図 3.34 に示すように点 C に $P = 60$ kN の集中荷重と $M = 60 \times 2$ kN・m のモーメント荷重が作用する場合と同様であることから，この荷重状態について支点反力を求める．

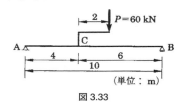

図 3.33

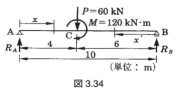

図 3.34

$\sum M_B = 0$ から $\quad R_A \times 10 - P \times 6 + M = 0$
$\qquad$ よって $R_A = 24$ kN

$\sum M_A = 0$ から $\quad -R_B \times 10 + P \times 4 + M = 0$
$\qquad$ よって $R_B = 36$ kN

［検算］ $\sum V = 0$ から $R_A - P + R_B = 24 - 60 + 36 = 0$

任意点 x のせん断力は $\sum V = 0$ より
$\quad S_x = R_A = 24$ kN $\quad (x = 0 \sim 4 \text{ m})$

任意点 x' のせん断力は $\sum V = 0$ より
$\quad S_{x'} = -R_B = -36$ kN $\quad (x' = 0 \sim 6 \text{ m})$

任意点 x の曲げモーメントは $\sum M = 0$ より
$\quad M_x = R_A x = 24 x \quad (x = 0 \sim 4 \text{ m})$

任意点 x' の曲げモーメントは $\sum M = 0$ より
$\quad M_{x'} = R_B x' = 36 x' \quad (x' = 0 \sim 6 \text{ m})$

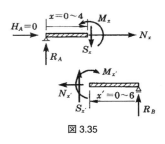

図 3.35

x を $0 \sim 4$ m，x' を $0 \sim 6$ m まで変化させれば，せん断力と曲げモーメント図が求まる．ここで，点 C に作用しているモーメント荷重 120 kN・m が曲げモーメント図の中に表現されていることに注意されたい．

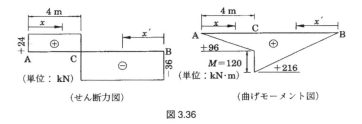

図 3.36

[重ね合わせ] せん断力図と曲げモーメント図は，集中荷重が作用する場合とモーメント荷重が作用する場合の各々の図を重ね合わせることによっても描くことができる．

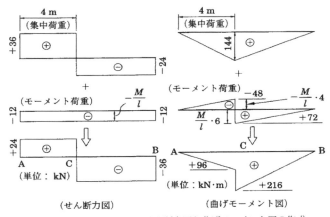

図 3.37 重ね合わせによるせん断力図と曲げモーメント図の作成

基本問題 9 図 3.38 に示す各梁にモーメント荷重が作用しているときのせん断力図およびモーメント図を描け．

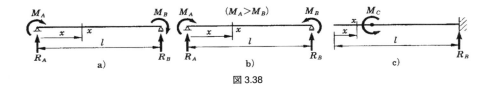

図 3.38

[**解答**] 図3.39（曲げモーメントの変化する割合がゼロのとき，せん断力はゼロとなる．荷重ケースc）参照）

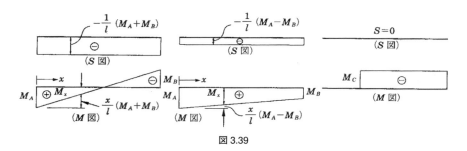

図3.39

【応用問題1】 図3.40に示すような単純梁に等変分布荷重が作用しているときの反力 R_A, R_B を求めよ．ただし，梁の自重は無視する．

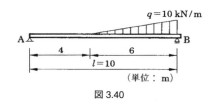

図3.40

【応用問題2】 図3.41に示すような載荷状態における単純梁の反力 H_A, R_A, R_B を求めよ．

【応用問題3】 図3.42に示すような集中荷重を受ける片持ち梁において，自重を考慮した場合のせん断力図と曲げモーメント図を描け．ここで，部材は矩形断面とし，その材質は均一で，単位重量は $25.0\ \mathrm{kN/m^3}$ とする．

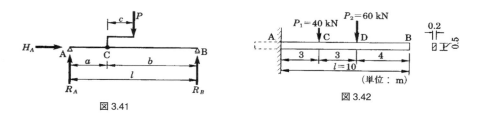

図3.41　　　　　　　　　　図3.42

【応用問題4】 図3.43に示すようなゲルバー梁［Heinrich Gerber（ハインリッヒ　ゲルバー）1832〜1912：ドイツの鉄道橋梁技術者の名前に由来する］のせん断力図と曲げモーメント図を描き，変形のイメージ図を示せ．

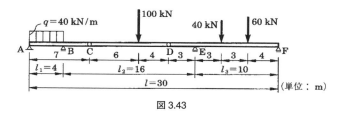

図 3.43

【応用問題5】 図 3.44 に示すような単純梁に集中荷重が作用しているときのせん断力図および曲げモーメント図を描け．

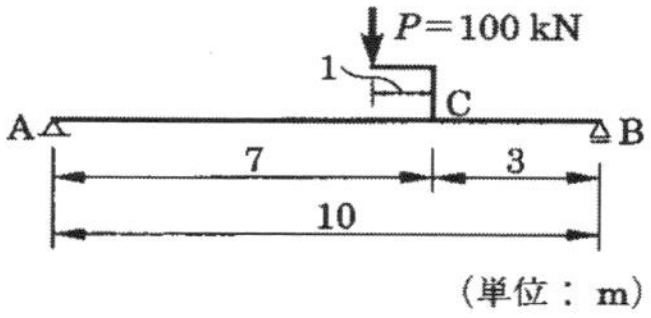

【応用問題ヒント】

問題1　等変分布荷重を図 3.45 に示すように集中荷重 $\bar{P}$ に換算する．

図 3.44

問題2　点 C に P なる集中荷重と $P \times c$ なるモーメント荷重を考える．

問題3　図 3.46 に示すように自重を等分布荷重として扱い，集中荷重 P_1，P_2 と等分布荷重 q が作用する片持ち梁を解けばよい．

問題4　図 3.47 に示すように部材 CD を単純梁と見なして反力 R_C，R_D を求め，それと釣合う外力 P_C，P_D を左右の2つの張出し梁に作用させて解く．得られた3つの部材のせん断力図と曲げモーメント図を結合すればよい．

問題5　点 C に集中荷重 $P=100$ kN とモーメント荷重 $M=100\times1$ kN・m が作用する場合について解けばよい．

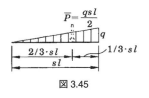

図 3.45

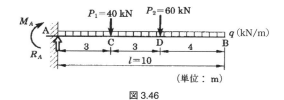

図 3.46

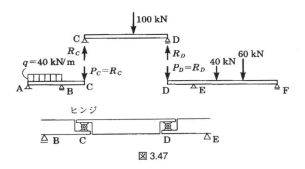

図 3.47

【応用問題解答】

問題 1　$R_A = 6$ kN,　$R_B = 24$ kN

問題 2　$H_A = 0$,　$R_A = \dfrac{Pb}{l} - \dfrac{Pc}{l}$,　$R_B = \dfrac{Pa}{l} + \dfrac{Pc}{l}$

問題 3　図 3.48

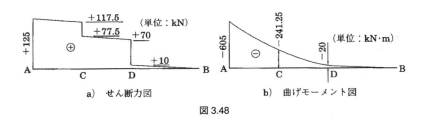

図 3.48

問題4　図 3.49

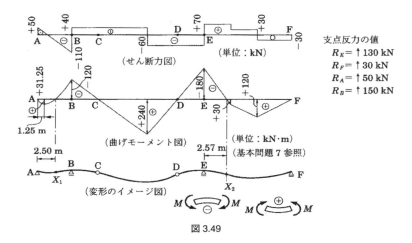

図 3.49

問題5　図 3.50

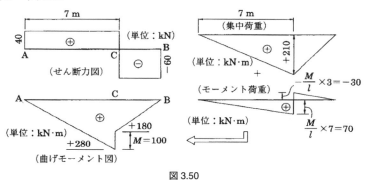

図 3.50

4. 梁の曲げ応力とたわみ

公式

§1 梁の曲げ応力とせん断応力

(1) 梁の曲げ応力

曲げモーメント M を受ける梁の曲げ応力度 σ_x は次式で与えられる．

$$\sigma_x = \frac{M}{I} y \qquad (4\text{-}1)$$

ここに，I：断面2次モーメント，y：中立軸から曲げ応力度 σ_x を求める点までの距離．

上下の縁応力度 σ_c，σ_t は次式で与えられる．

$$\sigma_c = \frac{M}{W_c} \qquad (4\text{-}2)$$

$$\sigma_t = \frac{M}{W_t} \qquad (4\text{-}3)$$

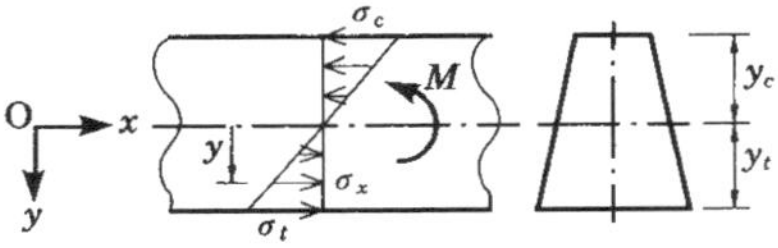

図 4.1

ここに，W_c：圧縮側の断面係数（$=I/y_c$），W_t：引張側の断面係数（$=I/y_t$）．

(2) 梁のせん断応力

梁の横断面に生じるせん断応力度 τ は次式で与えられる．

$$\tau = \frac{S G_y}{I b} \qquad (4\text{-}4)$$

ここに，S：せん断力，b：求める点の断面の幅，G_y：y 以遠にある断面の中立軸に関する断面1次モーメント．

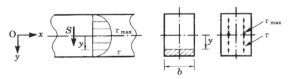

図 4.2

§2 組合せ応力

(1) 1軸応力状態

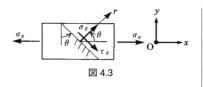

図4.3

図4.3に示すように,法線がx軸とθなる角度をなす斜面の応力σ_θ, τ_θは次式で表される.

$$\sigma_\theta = \frac{\sigma_x(1+\cos 2\theta)}{2} \tag{4-5}$$

$$\tau_\theta = \frac{\sigma_x \sin 2\theta}{2} \tag{4-6}$$

(2) 2軸応力状態

2軸応力状態における斜面上の応力σ_θ, τ_θは次式で与えられる.

$$\sigma_\theta = \frac{1}{2}(\sigma_x + \sigma_y) + \frac{1}{2}(\sigma_x - \sigma_y)$$
$$\times \cos 2\theta + \tau_{xy} \sin 2\theta \tag{4-7}$$

$$\tau_\theta = -\frac{1}{2}(\sigma_x - \sigma_y)\sin 2\theta$$
$$+ \tau_{xy} \cos 2\theta \tag{4-8}$$

図4.4

(3) 主応力

$$\left.\begin{array}{l}\sigma_1\\\sigma_2\end{array}\right\} = \frac{1}{2}(\sigma_x + \sigma_y) \pm \frac{1}{2}\sqrt{(\sigma_x - \sigma_y)^2 + 4\tau_{xy}^2} \tag{4-9}$$

ここに,σ_1:最大主応力,σ_2:最小主応力.

主応力方向(法線がx軸となす角)は,次式を満足するθの値で与えられる.

時計回り　　反時計回り
負(−)の角度　正(+)の角度
図4.5

$$\tan 2\theta = \frac{2\tau_{xy}}{\sigma_x - \sigma_y} \tag{4-10}$$

ここで,角度の正負は,図4.5のとおりとする.

垂直引張応力を正,垂直圧縮応力を負とする.せん断応力は図4.6に示

すように，最初に直角であった x 軸と y 軸の 2 辺間の角度が減少するような向きに作用する場合を正とする．

（4）モール（Mohr）の応力円

公式（4-7），（4-8）から θ を消去すると，次式が得られる．

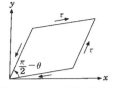

図 4.6　正のせん断力と変形

$$\left(\sigma_\theta - \frac{\sigma_x + \sigma_y}{2}\right)^2 + \tau_{xy}^2 = \left(\frac{1}{2}\sqrt{(\sigma_x - \sigma_y)^2 + 4\tau_{xy}^2}\right)^2 \quad (4\text{-}11)$$

上式は，中心 $[(\sigma_x+\sigma_y)/2, 0]$，半径 $r = \left[(1/2)\sqrt{(\sigma_x-\sigma_y)^2 + 4\tau_{xy}^2}\right]$ の円の方程式を表している．この円をモールの応力円という．この円は，傾斜断面の法線の傾斜角 θ を変化させたとき，一対の応力成分 (σ, τ) を表す点の軌跡となる．なお，R，S 点のせん断応力はそれぞれ最大，最小のせん断応力 (τ_{max}, τ_{min}) となり，その作用面は主応力面と 45°の角をなしている．

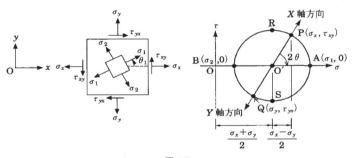

図 4.7

（5）短柱の応力度

$$\sigma = -\frac{P}{A} - \frac{Px_0}{I_y}x - \frac{Py_0}{I_x}y$$

(4-12)

ここに，A：断面積，x_0, y_0：圧縮荷重 P の偏心量，I_x, I_y：x, y 軸に関する断面 2 次モーメント，x, y：応力を求める点の座標．

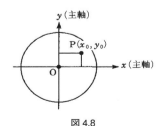

図 4.8

§3 梁のたわみ曲線

$$\frac{d^2y}{dx^2} = -\frac{M_x}{EI} \tag{4-13}$$

ここに，EI：曲げ剛性，M_x：梁の曲げモーメント．

$$\theta_x = \frac{dy}{dx} = -\int \frac{M_x}{EI} dx + C_1 \tag{4-14}$$

$$y = -\iint \frac{M_x}{EI} dx\, dx + C_1 x + C_2 \tag{4-15}$$

積分定数 C_1, C_2 は境界条件によって決定される．

梁に作用する分布荷重 $q = q_x$ が与えられたときには，次式を積分することによってたわみ曲線が得られる．

$$\frac{d^4y}{dx^4} = \frac{q_x}{EI} \tag{4-16}$$

§4 モールの定理

与えられた荷重による曲げモーメント M を求め，次に M/EI を荷重（弾性荷重）として共役梁に載荷させる．そして，共役梁のせん断力 S' および曲げモーメント M' を求めると，これがもとの梁のたわみ角 θ とたわみ y に等しい．なお，共役梁は，もとの梁のたわみ y とたわみ角 θ の境界条件と共役梁の曲げモーメント M' とせん断力 S' の境界条件が一致するように選択する（図4.9の例を参照）．

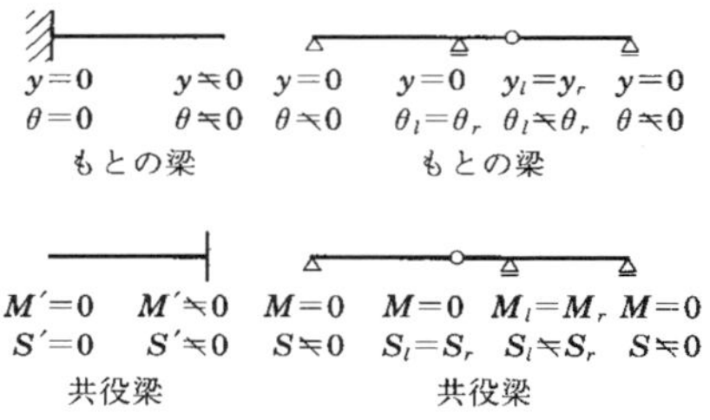

図4.9

§1 梁の曲げ応力とせん断応力

基本問題1 図4.10に示す梁において，最大の曲げ応力度の生じる位置での曲げ応力度の分布を描け．

[解答]

$$I = \frac{150 \times 300^3}{12} = 3\,375 \times 10^5 \text{ mm}^4$$

最大の曲げ応力度は，曲げモーメントが最大となる中央点で生じるから，

$$M_{\max} = \frac{ql^2}{8} + \frac{Pl}{4}$$

$$= \frac{100 \times 2\,000^2}{8} + \frac{10\,000 \times 2\,000}{4} = 55 \times 10^6 \text{ N·mm}$$

$$\sigma_{c,t} = \pm \frac{M}{I} y = \pm \frac{55 \times 10^6}{3\,375 \times 10^5} \times 150 = \pm 24.4 \text{ N/mm}^2$$

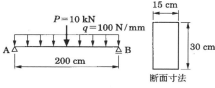

図4.10

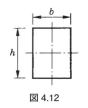

図4.11 曲げ応力度の分布

基本問題2　図4.12の長方形断面のせん断応力度を求めよ．また，図4.10に示す梁において，最大せん断応力度の生じる位置でのせん断応力度分布を描け．

[解答]　図4.13 a) に示すように ξ をとると

$$G_y = \int_y^{h/2} \xi dA = \int_y^{h/2} b\xi d\xi = b\left[\frac{1}{2}\xi^2\right]_y^{h/2}$$

$$= \frac{b}{2}\left(\frac{h^2}{4} - y^2\right)$$

ここに，$I = bh^3/12$．よって，$\tau = SG_y/(Ib)$ より

$$\tau = \frac{3}{2}\frac{S}{bh}\left\{1 - \left(\frac{2y}{h}\right)^2\right\}$$

したがって，τ は放物線分布となり，中立軸上で最大値

$$\tau_{\max} = \frac{3}{2}\frac{S}{bh}$$

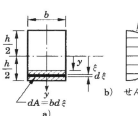

図4.13

となる．いま，断面全体の平均せん断応力度を τ_{mean} とすれば，$\tau_{\mathrm{mean}} = S/(bh) = S/A$ であるから

$$\tau_{\max} = \frac{3}{2}\frac{S}{A}$$

となる．せん断応力度 τ の作用方向は y 軸に平行である．

図 4.10 において，$I = 3\,375 \times 10^5 \text{ mm}^4$．
最大せん断応力度は，最大のせん断力が生じる両支点で生じるから，

$$S_{\max} = \frac{ql}{2} + \frac{P}{2} = \frac{100 \times 2\,000}{2} + \frac{10\,000}{2} = 105\,000 \text{ N}$$

いま，断面を4等分して，せん断応力度分布を求める．

A 点　$\tau_A = 0$

B 点　$\tau_B = \dfrac{3}{2} \dfrac{S}{bh} \left[1 - \left(\dfrac{2y}{h} \right)^2 \right]$

$= \dfrac{3}{2} \dfrac{105\,000}{150 \times 300} \left[1 - \left(\dfrac{2 \times -75}{300} \right)^2 \right] \fallingdotseq 2.6 \text{ N/mm}^2$

C 点　$\tau_C = \tau_{\max} = \dfrac{3}{2} \dfrac{S}{A} = \dfrac{3}{2} \dfrac{105\,000}{150 \times 300} = 3.5 \text{ N/mm}^2$

D 点　$\tau_D = \dfrac{3}{2} \dfrac{105\,000}{150 \times 300} \left[1 - \left(\dfrac{2 \times 75}{300} \right)^2 \right] \fallingdotseq 2.6 \text{ N/mm}^2$

E 点　$\tau_E = 0$

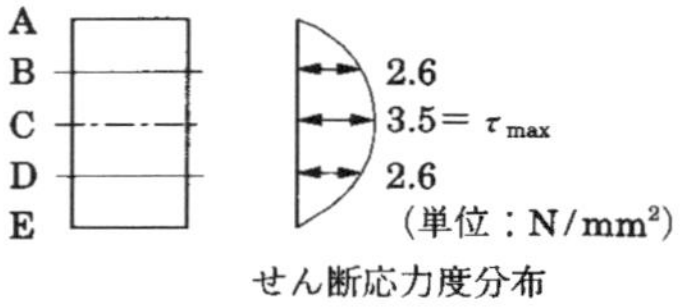

せん断応力度分布

図 4.14

基本問題 3　I 形断面のせん断応力度を求めよ．

[解答]　$h/2 \leqq y \leqq H/2$（フランジ部）のとき

$$G_y = \int_y^{H/2} b\xi d\xi = b \left[\frac{\xi^2}{2} \right]_y^{H/2} = \frac{b}{8} (H^2 - 4y^2)$$

$$\tau = \frac{SG_y}{Ib} = \frac{S}{8I} (H^2 - 4y^2)$$

$$\tau_{y=h/2} = \frac{S}{8I} (H^2 - h^2), \quad \tau_{y=H/2} = 0$$

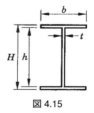

図 4.15

$0 \leqq y \leqq h/2$（ウェブプレート部）のとき

4. 梁の曲げ応力とたわみ　41

$$G_y = \int_y^{h/2} \xi dA + \int_{h/2}^{H/2} \xi dA = \int_y^{h/2} t\xi d\xi + \int_{h/2}^{H/2} b\xi d\xi$$

$$= t\left[\frac{\xi^2}{2}\right]_y^{h/2} + b\left[\frac{\xi^2}{2}\right]_{h/2}^{H/2} = \frac{t}{8}(h^2 - 4y^2) + \frac{b}{8}(H^2 - h^2)$$

$$\therefore \quad \tau = \frac{S}{8I}\left\{(h^2 - 4y^2) + \frac{b}{t}(H^2 - h^2)\right\}$$

$\tau_{y=0} = \tau_{\max}$

$$= \frac{S}{8I}\left\{h^2 + \frac{b}{t}(H^2 - h^2)\right\}$$

$$\tau_{y=h/2} = \frac{S}{8I}\frac{b}{t}(H^2 - h^2)$$

なお，$I = \{bH^3 - (b-t)h^3\}/12$ である．

[考察]　フランジの幅 b はウェブの幅 t に比べて大きいので，せん断応力度はウェブとフランジの境界部で大きく変化し，ウェブ部分が非常に大きくなる．したがって，せん断力 S はウェブ部分で受け持ち，せん断応力度 τ はウェブ上で等分布していると考えて次式に示す平均せん断応力度が求められる．

$$\tau_{\mathrm{mean}} = \frac{S}{A_w} \quad (\text{ただし，}A_w：\text{ウェブの断面積})$$

鋼橋の I 形断面の設計においては，上式を使用してせん断応力度を求めている．なお，フランジは幅方向に水平せん断応力度が生じる．その詳細は酒井忠明著：構造力学，技報堂出版，p.60 を参照のこと．

[基本問題 4]　p.12 の図 2.9 の I 形断面に曲げモーメント 100 kN·m とせん断力 30 kN が作用するとき，断面の応力度分布を求めよ．

[解答]　p.12 の基本問題 5 の結果から，

$I_x = 13\,826\,380\,000$ mm^4

曲げ応力度の計算

$$\sigma = \frac{M}{I}y = \frac{10\,000\,000}{13\,826\,380\,000}y$$

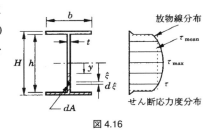

図 4.16

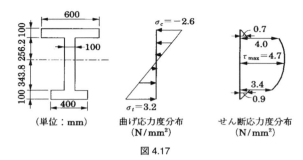

図 4.17

上縁応力度は，$y=-356.2$ mm を代入して，$\sigma_c \fallingdotseq -2.6$ N/mm^2
下縁応力度は，$y=443.8$ mm を代入して，$\sigma_t \fallingdotseq 3.2$ N/mm^2
せん断応力度の計算

$$\tau = \frac{SG_y}{Ib} = \frac{30\,000 \times G_y}{13\,826\,380\,000 \times b}$$

上縁より 10 cm 下がった点のせん断応力度は，

$b=600$ mm のとき，$G_y = 600 \times 100 \times 306.2 = 18\,372\,000$ mm^3

$$\tau = \frac{30\,000 \times 18\,372\,000}{13\,826\,380\,000 \times 600} \fallingdotseq 0.7 \text{ N/mm}^2$$

$b=100$ mm のとき，$G_y = 18\,372\,000$ mm^3

$$\tau = \frac{30\,000 \times 18\,372\,000}{13\,826\,380\,000 \times 100} \fallingdotseq 4.0 \text{ N/mm}^2$$

中立軸上では，

$b=100$ mm のとき，$G_y = 18\,372\,000 + (100 \times 256.2 \times 128.1) = 21\,653\,922$ mm^3

$$\tau_{max} = \frac{30\,000 \times 21\,653\,922}{13\,826\,380\,000 \times 100} \fallingdotseq 4.7 \text{ N/mm}^2$$

下縁より 10 cm 上がった点のせん断応力度は，

$b=400$ mm のとき，$G_y = 400 \times 100 \times 393.8 = 15\,752\,000$ mm^3

$$\tau = \frac{30\,000 \times 15\,752\,000}{13\,826\,380\,000 \times 400} \fallingdotseq 0.9 \text{ N/mm}^2$$

$b=100$ mm のとき，$G_y = 15\,752\,000$ mm^3

$$\tau = \frac{30\,000 \times 15\,752\,000}{13\,826\,380\,000 \times 100} \fallingdotseq 3.4\,\text{N/mm}^2$$

基本問題 5 支間 5 m の梁において自重も含めて $q=4\,\text{kN/m}$ の等分布荷重が満載し集中荷重 $P=20\,\text{kN}$ が移動するとき，$b:h$ が 1:2 になるように梁の断面を決定せよ．ただし，許容曲げ応力度 $\sigma_a=9\,\text{N/mm}^2$，許容せん断応力度 $\tau_a=0.8\,\text{N/mm}^2$ とする．

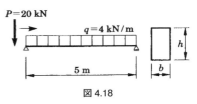

図 4.18

[解答]

$$M_{\max} = \frac{Pl}{4} + \frac{ql^2}{8} = \frac{20 \times 5}{4} + \frac{4 \times 5^2}{8} = 37.5\,\text{kN} \cdot \text{m}$$

$$S_{\max} = P + \frac{ql}{8} = 20 + \frac{4 \times 5}{2} = 30\,\text{kN}$$

最大曲げモーメントに対して必要な断面係数は

$$W = \frac{M_{\max}}{\sigma_a} = \frac{37\,500\,000}{9} = 4\,166\,666\,\text{mm}^3 = 4\,166.7\,\text{cm}^3$$

ここで，題意により $h=2b$ であるから

$$W = \frac{bh^2}{6} = \frac{b(2b)^2}{6} = \frac{4}{6}b^3 > 4\,166.7\,\text{cm}^3$$

$$\therefore\ b = 18.42\,\text{cm}$$

となり，これより $b=19\,\text{cm}$，$h=38\,\text{cm}$ とする．

せん断応力度は

$$\tau_{\max} = \frac{3}{2}\frac{S_{\max}}{A} = \frac{3}{2}\frac{30\,000}{190 \times 380} = 0.62\,\text{N/mm}^2 < \tau_a = 0.8\,\text{N/mm}^2$$

となる．

[検算]
$$W = \frac{bh^2}{6} = \frac{19 \times 38^2}{6} = 4\,573\,000\,\text{mm}^3$$

$$\sigma = \frac{M}{W} = \frac{37\,500\,000}{4\,573\,000} = 8.2\,\text{N/mm}^2 < \sigma_a = 9\,\text{N/mm}^2$$

抵抗モーメントは

$$M_r = \sigma_a W = 9 \times 4\,573\,000 = 41.2 \text{ kN} \cdot \text{m} > M_{\max} = 37.5 \text{ kN} \cdot \text{m}$$

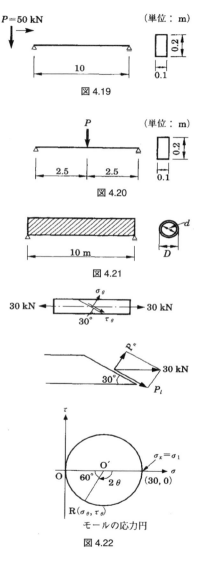

図 4.19

図 4.20

図 4.21

【応用問題1】 $P=50$ kN が梁上を移動するとき,梁に生じる最大曲げ応力度と最大せん断応力度を求めよ（図 4.19）.

【応用問題2】 梁の中央に載荷できる集中荷重 P の大きさを求めよ。ただし $\sigma_a=11$ N/mm^2, $\tau_a=1.4$ N/mm^2 とする（図 4.20）.

【応用問題3】 図 4.21 に示す鋼製パイプ断面の単純梁に水を満たしたときの最大曲げ応力度を求めよ．ただし，パイプ内部の水圧は考えないものとし，水の単位重量 9.81 kN/m^3, 鋼の単位重量 77.0 kN/m^3, パイプの外径 $D=8$ cm, 内径 $d=7.5$ cm とする．

§2 組合せ応力

基本問題6 断面積 10 cm^2 のまっすぐな棒に引張力 $P=30$ kN が作用するとき,軸方向と 30°傾いた断面に生じる応力 σ_θ, τ_θ を求めよ．

[解答] $\sigma_x = 30\,000/1\,000 = 30$ N/mm^2

x 軸と 30°傾斜した面では法線が x 軸と 60°の角度をなすことになるから，式 (4-7), (4-8) を用いて,

$$\sigma_\theta = \frac{\sigma_x(1+\cos 2\theta)}{2} = \frac{30(1+\cos 120°)}{2}$$
$$= 7.5 \text{ N/mm}^2$$

$$\tau_\theta = -\frac{\sigma_x \sin 2\theta}{2} = -\frac{30 \sin 120°}{2}$$
$$= -13 \text{ N/mm}^2$$

図 4.22 モールの応力円

[別解1]　$P_n = 30\,000 \cdot \dfrac{1}{2}$,　　$P_l = 30\,000 \cdot \dfrac{\sqrt{3}}{2}$

x軸と30°傾斜した面の面積は

$$A_n = 1\,000 \times 2 = 2\,000 \text{ mm}^2$$

$$\sigma_\theta = \dfrac{P_n}{A_n} = \dfrac{30\,000(1/2)}{2\,000} = 7.5 \text{ N/mm}^2$$

$$\tau_\theta = \dfrac{P_l}{A_n} = \dfrac{30\,000(\sqrt{3}/2)}{2\,000} = 13 \text{ N/mm}^2 \text{（下向き）}$$

[別解2]　モールの応力円を利用して求める．
R点の (σ, τ) 座標値を求めればよい．
図より

$$\sigma_\theta = \dfrac{\sigma_x}{2} - \dfrac{\sigma_x}{2}\cos 60° = \dfrac{30}{2} - \dfrac{30}{2} \cdot 0.5 = 7.5 \text{ N/mm}^2$$

$$\tau_\theta = -\dfrac{\sigma_x}{2}\sin 60° = -13 \text{ N/mm}^2$$

基本問題7　直径5 cmの円柱を$P=20$ kNで圧縮したとき，最大せん断応力度とその作用面を求めよ．

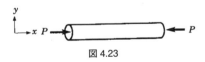

図 4.23

[解答]　$\sigma_x = -\dfrac{P}{A} = -\dfrac{20\,000}{25\pi/4}$

$$= -10.2 \text{ N/mm}^2$$

このときの微少部分の応力状態は，図4.24に示すとおりであり，モールの応力円を描くと図4.25となる．

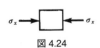

図 4.24

したがって，R点が最大せん断応力度の点を示しており，その値は

$$\tau_{\max} = \dfrac{\sigma_x}{2} = \dfrac{\sigma_2}{2} = 5.1 \text{ N/mm}^2$$

作用面は作用面の法線がx軸より反時計方向に45°の面となる．

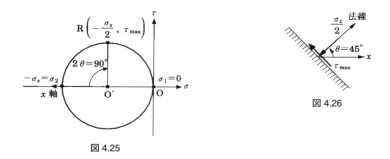

図 4.25

図 4.26

基本問題 8 図 4.27 において,支点 A から 5 m の断面上の点を 4 等分したときの A (上縁), B (ウェブ $h/4$ 点), C (中立面), D (ウェブ $h/4$ 点), E (下縁) における主応力 σ_1, σ_2 と主応力 σ_1 の方向を求めよ.また,それぞれの点のモールの応力円を描け.

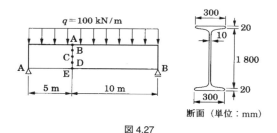

図 4.27

[解答]

$$I = \sum \frac{bh^3}{12} = \frac{300 \times 1\,840^3}{12} - \frac{290 \times 1\,800^3}{12} \fallingdotseq 1.48 \times 10^{10} \text{ mm}^4$$

$$M = \frac{ql}{2} \times 5 - q \times 5 \times \frac{5}{2} = \frac{100 \times 15}{2} \times 5 - 100 \times 5 \times \frac{5}{2}$$

$$= 2\,500 \text{ kN} \cdot \text{m} = 2.5 \times 10^9 \text{ N} \cdot \text{mm}$$

$$S = \frac{ql}{2} - q \times 5 = \frac{100 \times 15}{2} - 100 \times 5 = 250 \text{ kN} = 2.5 \times 10^5 \text{ N}$$

1) A 点の応力

$$\sigma_x = \frac{M}{I} y = \frac{2.5 \times 10^9}{1.48 \times 10^{10}} \times (-920) = -155.4 \text{ N/mm}^2$$

$$\tau_{xy}=0$$
$$\sigma_{1,2}=\frac{1}{2}(\sigma_x+\sigma_y)\pm\frac{1}{2}\sqrt{(\sigma_x-\sigma_y)^2+4\tau_{xy}^2}$$

梁の場合 $\sigma_y \fallingdotseq 0$ だから

$$\sigma_{1,2}=\frac{\sigma_x}{2}\pm\frac{1}{2}\sqrt{\sigma_x^2+4\tau_{xy}^2}$$
$$=\frac{-155.4}{2}\pm\frac{1}{2}\sqrt{(-155.4)^2+4\times0^2}$$

$$\sigma_1=0, \quad \sigma_2=-155.4\text{ N/mm}^2$$
$$\tan2\theta=\frac{2\tau_{xy}}{\sigma_x}=\frac{2\times0}{-155.4}=0$$

$$\therefore \quad \theta=0, \frac{\pi}{2}$$

よって，モールの応力円を参考にして，

$$\theta_1=90°$$

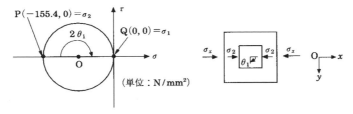

図 4.28

2) B 点の応力

$$\sigma_x=\frac{M}{I}y=\frac{2.5\times10^9}{1.48\times10^{10}}\times(-450)\fallingdotseq-76.0\text{ N/mm}^2$$
$$\tau_{xy}=\frac{S}{8I}\left[(h^2-4y^2)+\frac{b}{t}(H^2-h^2)\right]$$
$$=\frac{2.5\times10^5}{8\times1.48\times10^{10}}\left[(1\,800^2-4\times450^2)+\frac{300}{10}(1\,840^2-1\,800^2)\right]$$

$$= 14.4 \text{ N/mm}^2$$

$$\sigma_{1,2} = \frac{\sigma_x}{2} \pm \frac{1}{2}\sqrt{\sigma_x^2 + 4\tau_{xy}^2} = \frac{-76}{2} \pm \frac{1}{2}\sqrt{(-76)^2 + 4 \times (14.4)^2}$$

$$\sigma_1 = 2.6 \text{ N/mm}^2, \qquad \sigma_2 = -78.6 \text{ N/mm}^2$$

$$\tan 2\theta = \frac{2\tau_{xy}}{\sigma_x} = \frac{2 \times 14.4}{-76} = -0.3789$$

∴ $\theta = -10.4°$

よって，モールの応力円を参考にして，

$$\theta_1 = 90° - 10.4° = 79.6°$$

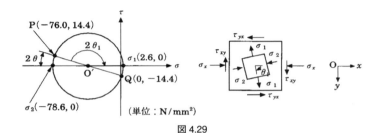

図 4.29

3) C 点の応力

$$\sigma_x = 0$$

$$\tau_{xy} = \frac{S}{8I}\left[h^2 + \frac{b}{t}(H^2 - h^2)\right]$$

$$= \frac{2.5 \times 10^5}{8 \times 1.48 \times 10^{10}}\left[1\,800^2 + \frac{300}{10}(1\,840^2 - 1\,800^2)\right] = 16.1 \text{ N/mm}^2$$

$$\sigma_{1,2} = \frac{\sigma_x}{2} \pm \frac{1}{2}\sqrt{\sigma_x^2 + 4\tau_{xy}^2} = 0 \pm \frac{1}{2}\sqrt{4 \times (16.1)^2}$$

$$\sigma_1 = 16.1 \text{ N/mm}^2, \qquad \sigma_2 = -16.1 \text{ N/mm}^2$$

$$\tan 2\theta = \frac{2\tau_{xy}}{\sigma_x} = \frac{2 \times 16.1}{0}$$

$$2\theta = \pi/2$$

∴ $\theta = \pi/4$

よって，モールの応力円を参考にして，

$\theta_1 = 45°$

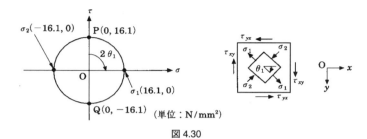

図 4.30

4) D 点の応力

$$\sigma_x = \frac{M}{I} y = \frac{2.5 \times 10^9}{1.48 \times 10^{10}} \times 450 \fallingdotseq 76.0 \text{ N/mm}^2$$

$\tau_{xy} \fallingdotseq 14.4 \text{ N/mm}^2$ （B 点のせん断応力と同値）

$$\sigma_{1,2} = \frac{\sigma_x}{2} \pm \frac{1}{2}\sqrt{\sigma_x^2 + 4\tau_{xy}^2} = \frac{76.0}{2} \pm \frac{1}{2}\sqrt{76.0^2 + 4 \times (14.4)^2}$$

$\sigma_1 = 78.6 \text{ N/mm}^2$, $\quad \sigma_2 = -2.6 \text{ N/mm}^2$

$$\tan 2\theta = \frac{2\tau_{xy}}{\sigma_x} = \frac{2 \times 14.4}{76.0} = 0.3789$$

∴ $\theta = 10.4°$

よって，モールの応力円を参考にして，

$\theta_1 = 10.4°$

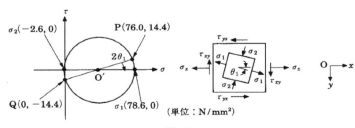

図 4.31

5) E点の応力

$$\sigma_x = \frac{M}{I}y = \frac{2.5 \times 10^9}{1.48 \times 10^{10}} \times 920 \fallingdotseq 155.4 \text{ N/mm}^2$$

$$\tau_{xy} = 0$$

$$\sigma_{1,2} = \frac{\sigma_x}{2} \pm \frac{1}{2}\sqrt{\sigma_x^2 + 4\tau_{xy}^2} = \frac{155.4}{2} \pm \frac{1}{2}\sqrt{155.4^2}$$

$$\sigma_1 = 155.4 \text{ N/mm}^2, \qquad \sigma_2 = 0$$

$$\tan 2\theta = \frac{2\tau_{xy}}{\sigma_x} = \frac{2 \times 0}{155.4} = 0$$

∴ $\theta = 0, \quad \pi/2$

よって，モールの応力円を参考にして，

$\theta_1 = 0°$

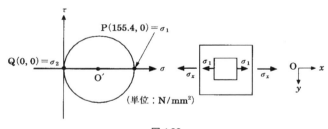

図4.32

[考察] A点（上縁）とE点（下縁）においては，梁の圧縮側と引張側の最大曲げ応力と主応力の値が一致し，圧縮側では最小主応力を求めていることになるし，引張側では最大主応力を求めていることになる．C点（中立軸）ではせん断応力のみが作用し，純粋せん断応力状態となっている．この状態では最大，最小主応力とせん断応力の値が等しくなっている．

基本問題9 図4.33のような矩形柱に偏心圧縮荷重 P ［載荷位置 (x_0, y_0)］が作用するとき，断面のI，J，K，L，M各点の応力度を求めよ．

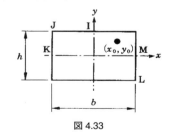

図4.33

[**解答**] 2軸偏心荷重による断面の応力度は，求める点の座標を (x, y) とすると次式で表される．

$$\sigma = -\frac{P}{A} - \frac{Px_0}{I_y}x - \frac{Py_0}{I_x}y$$

本問の場合，$A = bh$, $I_x = bh^3/12$, $I_y = b^3h/12$ より

I 点 $(0, h/2)$

$$\sigma_I = -\frac{P}{bh} - \frac{Py_0}{bh^3/12}\frac{h}{2} = -\frac{P}{bh}\left(1 + \frac{6y_0}{h}\right)$$

J 点 $(-b/2, h/2)$

$$\sigma_J = -\frac{P}{bh} + \frac{Px_0}{b^3h/12}\left(+\frac{b}{2}\right) - \frac{Py_0}{bh^3/12}\left(\frac{h}{2}\right) = -\frac{P}{bh}\left(1 - \frac{6x_0}{b} + \frac{6y_0}{h}\right)$$

K 点 $(-b/2, 0)$

$$\sigma_K = -\frac{P}{bh} + \frac{Px_0}{b^3h/12}\left(+\frac{b}{2}\right) = -\frac{P}{bh}\left(1 - \frac{6x_0}{b}\right)$$

L 点 $(b/2, -h/2)$

$$\sigma_L = -\frac{P}{bh} - \frac{Px_0}{b^3h/12}\frac{b}{2} + \frac{Py_0}{bh^3/12}\left(+\frac{h}{2}\right)$$

$$= -\frac{P}{bh}\left(1 + \frac{6x_0}{b} - \frac{6y_0}{h}\right)$$

M 点 $(b/2, 0)$

$$\sigma_M = -\frac{P}{bh} - \frac{Px_0}{b^3h/12}\frac{b}{2} = -\frac{P}{bh}\left(1 + \frac{6x_0}{b}\right)$$

【応用問題4】 図 4.34 に示すように平面応力状態において，主応力の大きさとその方向（x 軸から σ_1 までの角度）および，x 軸に対して反時計方向に 60°傾いた斜面上の応力 σ_ψ, τ_ψ を求めよ．また，これらの関係をモールの応力円を用いて示せ．

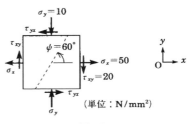

図 4.34

【応用問題5】 柱基部に生じる応力度

分布を描け（図 4.35）．

§3 梁のたわみ曲線

基本問題 10 任意の点のたわみとたわみ角を求め，A 点のたわみ，たわみ角を求めよ．ただし $EI=$ 一定とする（図 4.36）．

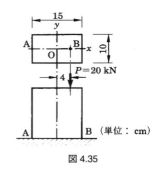

図 4.35

[解答]

$$\frac{d^2y}{dx^2}=-\frac{M_x}{EI} \text{ より}$$

$$M_x=-Px$$

$$\frac{d^2y}{dx^2}=\frac{Px}{EI}$$

$$EI\frac{dy}{dx}=\frac{P}{2}x^2+c_1$$

$$EIy=\frac{P}{6}x^3+c_1x+c_2$$

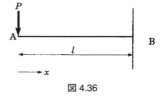

図 4.36

$x=l$ でたわみ角とたわみが 0 となるから

$$\frac{P}{2}l^2+c_1=0 \quad \therefore \quad c_1=-\frac{P}{2}l^2$$

$$\frac{P}{6}l^3+\left(-\frac{P}{2}l^2\right)\cdot l+c_2=0 \quad \therefore \quad c_2=\frac{P}{3}l^3$$

$$EI\frac{dy}{dx}=\frac{P}{2}x^2-\frac{P}{2}l^2$$

$$\therefore \quad \theta_x=\frac{P}{2EI}(x^2-l^2)$$

$$EIy=\frac{P}{6}x^3-\frac{P}{2}l^2x+\frac{P}{3}l^3$$

$$\therefore \quad y=\frac{P}{6EI}(x^3-3l^2x+2l^3)$$

A 点のたわみ角は，$\theta_A=\dfrac{Pl^2}{2EI}$

A点のたわみは，$y_A = \dfrac{Pl^3}{3EI}$

基本問題 11 任意断面 x のたわみとたわみ角を求めよ．ただし，$EI=$ 一定とする（図 4.37）.

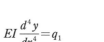

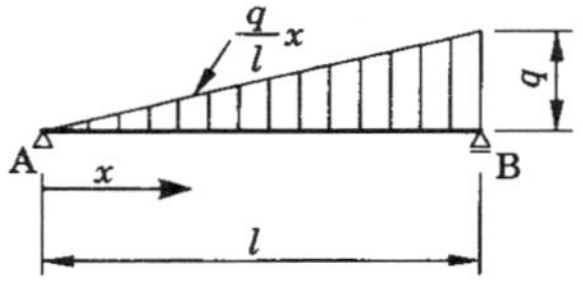

図 4.37

[解答]
$$EI\dfrac{d^4y}{dx^4} = q_1$$

また，$q_1 = qx/l$ より
$$EI\dfrac{d^4y}{dx^4} = \dfrac{q}{l}x$$

逐次積分を行って
$$EI\dfrac{d^3y}{dx^3} = \dfrac{q}{2l}x^2 + C_1, \qquad EI\dfrac{d^2y}{dx^2} = \dfrac{q}{6l}x^3 + C_1x + C_2$$

$$EI\dfrac{dy}{dx} = \dfrac{q}{24l}x^4 + \dfrac{1}{2}C_1x^2 + C_2x + C_3$$

$$EIy = \dfrac{q}{120l}x^5 + \dfrac{1}{6}C_1x^3 + \dfrac{1}{2}C_2x^2 + C_3x + C_4$$

境界条件は

$x=0$ において，$y=0$，$d^2y/dx^2 = 0$ より $C_2 = C_4 = 0$

$x=l$ において，$d^2y/dx^2 = 0$ より
$$EI\dfrac{d^2y}{dx^2} = \dfrac{q}{6l}l^3 + C_1l + 0 = 0, \qquad \therefore C_1 = -\dfrac{ql}{6}$$

また，$x=l$ において $y=0$ より
$$EIy = \dfrac{q}{120l}l^5 + \dfrac{1}{6}\left(-\dfrac{ql}{6}\right)l^3 + C_3l = 0 \qquad \therefore C_3 = \dfrac{7}{360}ql^3$$

したがって，たわみとたわみ角を求める式は
$$EIy = \dfrac{q}{120l}x^5 + \dfrac{1}{6}\left(-\dfrac{ql}{6}\right)x^3 + \dfrac{7}{360}ql^3 x$$

$$\therefore y = \dfrac{q}{360EI}\left(\dfrac{3}{l}x^5 - 10lx^3 + 7l^3 x\right)$$

$$EI\frac{dy}{dx}=\frac{q}{24l}x^4+\frac{1}{2}(-\frac{ql}{6})x^2+\frac{7}{360}ql^3$$

$$\therefore \quad \theta=\frac{dy}{dx}=\frac{q}{360EI}(\frac{15}{l}x^4-30lx^2+7l^3)$$

θ_A は上式に $x=0$ を代入し，θ_B は上式に $x=l$ を代入して求める．

$$\theta_A=\frac{7ql^3}{360EI}, \qquad \theta_B=-\frac{8ql^3}{360EI}$$

$y_{\max}$ は $\theta=0$ の位置で生じるので，θ の式を 0 とおいて x を求めると

$$x=0.5193l \ \text{で} \ y_{\max}=\frac{2.35ql^4}{360EI}$$

【応用問題 6】 任意の点のたわみとたわみ角を求めよ．また最大たわみと支点 A, B のたわみ角を求めよ．ただし，$EI=$ 一定とする（図 4.38）．

【応用問題 7】 たわみ曲線と自由端 B のたわみおよびたわみ角を求めよ．ただし，$EI=$ 一定とする（図 4.39）．

【応用問題 8】 たわみ曲線と両端のたわみ角 θ_A, θ_B を求めよ．ただし，$EI=$ 一定とする（図 4.40）．

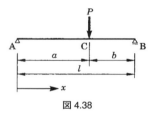

図 4.38

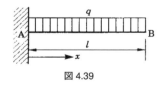

図 4.39

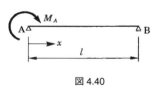

図 4.40

§4 モールの定理

基本問題 12 C 点のたわみとたわみ角，および両端 A, B のたわみ角を求めよ．ただし，$EI=$ 一定とする．

[解答] C 点における曲げモーメント Mc は

$$Mc=\frac{Pab}{l}$$

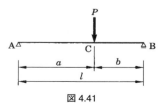

図 4.41

となり，弾性荷重は

$$q' = \frac{Pab}{EIl}$$

となる．弾性荷重図から，共役梁の C 点の左右の荷重は

$$P_1 = \frac{q'a}{2} = \frac{Pa^2b}{2EIl}$$

$$P_2 = \frac{q'b}{2} = \frac{Pab^2}{2EIl}$$

共役梁の反力は

$$\begin{aligned}
R_A' &= \frac{1}{l}\left\{P_1\left(\frac{a}{3}+b\right) + P_2\frac{2}{3}b\right\} \\
&= \frac{1}{EIl}\left\{\frac{Pa^2b}{6l}(a+3b) + \frac{Pab^3}{3l}\right\} \\
&= \frac{Pab}{6EIl^2}\{a(a+3b) + 2b^2\} \\
&= \frac{Pab}{6EIl^2}(a+b)(a+2b) \\
&= \frac{Pab}{6EIl}(l+b) = S_A'
\end{aligned}$$

$$\begin{aligned}
R_B' &= \frac{1}{l}\left\{P_1\frac{2}{3}a + P_2\left(a+\frac{b}{3}\right)\right\} \\
&= \frac{1}{EIl}\left\{\frac{Pa^3b}{3l} + \frac{Pab^2}{2l}\left(a+\frac{b}{3}\right)\right\} = \frac{Pab}{6EIl^2}\{2a^2+b(3a+b)\} \\
&= \frac{Pab}{6EIl^2}(a+b)(2a+b) = \frac{Pab}{6EIl}(l+a) = -S_B'
\end{aligned}$$

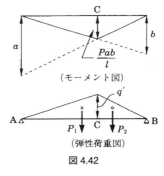

図 4.42

ゆえに A，B のたわみ角は

$$\theta_A = \frac{Pab}{6EIl}(l+b), \qquad \theta_B = -\frac{Pab}{6EIl}(l+a)$$

C 点におけるたわみとたわみ角は

$$S_C' = R_A' - P_1 = \frac{Pab}{6EIl}(l+b) - \frac{Pa^2b}{2EIl} = \frac{Pab}{6EIl}(l+b-3a) = \frac{Pab}{3EIl}(b-a)$$

$$M_C' = R_A'a - P_1\frac{a}{3} = \frac{Pa^2b}{6EIl}(l+b) - \frac{Pa^3b}{6EIl} = \frac{Pa^2b}{6EIl}(l+b-a) = \frac{Pa^2b^2}{3EIl}$$

$$\therefore\ \theta_C = \frac{Pab}{3EIl}(b-a), \qquad y_C = \frac{Pa^2b^2}{3EIl}$$

基本問題13 図 4.43 において載荷点のたわみ y_C と支点 A, B のたわみ角 θ_A, θ_B を求めよ．ただし，断面は $b = 10$ cm, $h = 30$ cm の矩形とし，材料は木材で $E = 1.0 \times 10^6$ N/cm² とする．

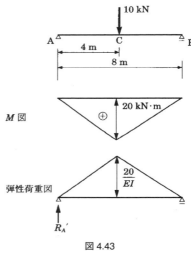

図 4.43

[解答]

$$I = \frac{bh^3}{12} = \frac{10 \times 30^3}{12} = 22\,500 \text{ cm}^4$$

$$R_A' = \frac{1}{2}\frac{20}{EI} \cdot 8 \cdot \frac{1}{2} = \frac{40}{EI}$$

$$\theta_A = S_A' = R_A' = \frac{40}{EI}$$

$$= \frac{400\,000\,000}{1 \times 10^6 \times 22\,500}$$

$$= 0.018 \text{ rad} = 1°\ 1'$$

$$\theta_B = -\theta_A = -0.018 \text{ rad}$$

$$y_C = M_C'$$

$$= R_A' \cdot 4 - \frac{1}{2}\frac{20}{EI} \cdot 4 \cdot \frac{4}{3}$$

$$= \frac{320}{3EI} = \frac{320\,000\,000\,000}{3 \times 1 \times 10^6 \times 22\,500} = 4.74 \text{ cm}$$

[別解] 基本問題 12 の解において

$\theta_A = \dfrac{Pab}{6EIl}(l+a)$ に $a=b=\dfrac{l}{2}$ を代入して

$$\theta_A = \dfrac{Pl^2}{16EI} = \dfrac{10\,000 \times 800^2}{16 \times 1.0 \times 10^6 \times 22\,500} = 0.018 \text{ rad} = -\theta_B$$

$y_C = \dfrac{Pa^2b^2}{3EIl}$ に $a=b=\dfrac{l}{2}$ を代入して

$$y_C = \dfrac{Pl^3}{48EI} = \dfrac{10\,000 \times 800^3}{48 \times 1.0 \times 10^6 \times 22\,500} = 4.74 \text{ cm}$$

基本問題 14 C点のたわみとたわみ角, および B点のたわみとたわみ角を求めよ. ただし EI =一定とする.

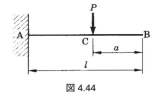

図 4.44

[解答] A点における曲げモーメントは
$$M_A = -P(l-a)$$
弾性荷重は
$$q' = -\dfrac{P}{EI}(l-a)$$

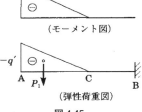

（モーメント図）

（弾性荷重図）

となり, 共役梁の荷重は
$$P_1 = \dfrac{q'}{2}(l-a) = -\dfrac{P}{2EI}(l-a)^2$$
となる.

1) C点のたわみとたわみ角

図 4.45

共役梁におけるC点のせん断力 S_C' と曲げモーメント M_C' は

$$S_C' = -P_1 = \dfrac{P(l-a)^2}{2EI}$$

$$M_C' = -P_1 \dfrac{2}{3}(l-a) = \dfrac{P}{2EI}(l-a)^2 \times \dfrac{2}{3}(l-a) = \dfrac{P}{3EI}(l-a)^3$$

$$\therefore \quad \theta_C = \dfrac{P(l-a)^2}{2EI}, \qquad y_C = \dfrac{P(l-a)^3}{3EI}$$

2) B点におけるたわみとたわみ角

$$S_B' = -P_1 = \dfrac{P(l-a)^2}{2EI}$$

$$M_B' = -P_1\left\{\frac{2}{3}(l-a)+a\right\} = \frac{P(l-a)^2}{2EI}\left\{\frac{2}{3}(l-a)+a\right\}$$

$$= \frac{P(l-a)^2}{6EI}(2l+a)$$

$$\therefore\ \theta_B = \frac{P(l-a)^2}{2EI},\quad y_B = \frac{P(l-a)^2(2l+a)}{6EI}$$

または，図 4.46 を参照して

$$y_B = y_C + a\,\theta_C$$

$$= \frac{P(l-a)^3}{3EI} + a\frac{P(l-a)^2}{2EI}$$

$$= \frac{P(l-a)^2(2l+a)}{6EI}$$

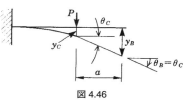

図 4.46

基本問題 15　自由端 A のたわみとたわみ角を求めよ．ただし $EI=$ 一定とする．

[解答]　B 点の曲げモーメントは

$$M_B = -\frac{ql^2}{2}$$

$$\therefore\ q' = -\frac{ql^2}{2EI}$$

任意の点における曲げモーメントは

$$M_x = -\frac{q}{2}x^2$$

$$\therefore\ q_x' = -\frac{q}{2EI}x^2$$

共役梁のせん断力 S_A' は

$$S_A' = \int_0^l q_x'\,dx = -\frac{q}{2EI}\int_0^l x^2\,dx$$

$$= -\frac{q}{2EI}\left[\frac{1}{3}x^3\right]_0^l = -\frac{ql^3}{6EI}$$

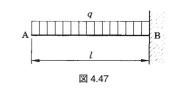

図 4.47

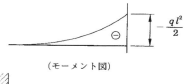

（モーメント図）

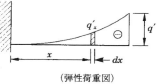

（弾性荷重図）

図 4.48

$$\therefore \quad \theta_A = -\frac{ql^3}{6EI}$$

共役梁の曲げモーメント M_A' は

$$M_A' = -\int_0^l q_x' dx\, x = \frac{q}{2EI}\int_0^l x^3 dx$$

$$= \frac{q}{2EI}\left[\frac{1}{4}x^4\right]_0^l = \frac{ql^4}{8EI}$$

$$\therefore \quad y_A = \frac{ql^4}{8EI}$$

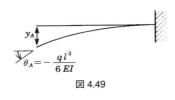

図 4.49

基本問題 16 C 点のたわみを求めよ．

[解答] C 点における曲げモーメントは $M_C = Pl/4$ であり，弾性荷重は中央断面が $2I$ であるから

$$q_1' = \frac{1}{2}\times\frac{Pl}{4EI} = \frac{Pl}{8EI}$$

D 点における曲げモーメントは

$$M_D = \frac{P}{2}\times\frac{l}{3} = \frac{Pl}{6}$$

$$\therefore \quad q_2' = \frac{Pl}{6EI}$$

共役梁における荷重は

$$P_1 = \frac{1}{2}q_2'\frac{1}{3} = \frac{Pl^2}{36EI}$$

$$P_2 = \frac{1}{2}\times\frac{q_2'}{2}\times\frac{l}{6} = \frac{Pl^2}{144EI}$$

$$P_3 = \frac{1}{2}q_1'\frac{l}{6} = \frac{Pl^2}{96EI}$$

共役梁における反力は

$$R_A' = P_1 + P_2 + P_3$$

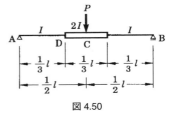

図 4.50

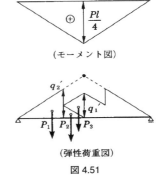

図 4.51

$$= \frac{Pl^2}{36EI} + \frac{Pl^2}{144EI} + \frac{Pl^2}{96EI}$$

$$= \frac{Pl^2}{288EI}(8+2+3) = \frac{13Pl^2}{288EI}$$

共役梁の C 点における曲げモーメント M_C' は

$$M_C' = R_A' \times \frac{l}{2} - P_1\left(\frac{1}{3} \times \frac{l}{3} + \frac{l}{6}\right) - P_2\left(\frac{2}{3} \times \frac{l}{6}\right) - P_3\left(\frac{1}{3} \times \frac{l}{6}\right)$$

$$= \frac{13Pl^2}{288EI} \times \frac{l}{2} - \frac{5l}{18}P_1 - \frac{l}{9}P_2 - \frac{l}{18}P_3 = \frac{13Pl^3}{576EI} - \frac{l}{18}(5P_1 + 2P_2 + P_3)$$

$$= \frac{13Pl^3}{576EI} - \frac{l}{18EI}\left(\frac{5Pl^2}{36} + \frac{Pl^2}{72} + \frac{Pl^2}{96}\right)$$

$$= \frac{13Pl^3}{576EI} - \frac{Pl^3}{5\,184EI}(40+4+3) = \frac{Pl^3}{5\,184EI}(117-47) = \frac{35Pl^3}{2\,592EI}$$

$$\therefore \quad y_C = \frac{35Pl^3}{2\,592EI}$$

【応用問題 9】 最大たわみと両端 A, B のたわみ角を求めよ．ただし，$EI=$ 一定とする（図 4.52）．

【応用問題 10】 C 点のたわみを求めよ（図 4.53）

【応用問題 11】 A 点のたわみを求めよ．ただし，$EI=$ 一定とする（図 4.54）．

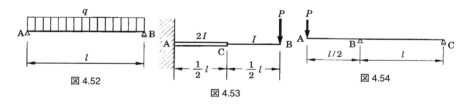

図 4.52   図 4.53   図 4.54

【応用問題ヒント】

 問題 1 $S_{max} = 50\,\text{N},$ $M_{max} = 125\,\text{N}\cdot\text{m}$

 問題 3 パイプ断面の断面係数 $W = \pi(D^4 - d^4)/32D$,

   パイプの断面積 $\pi/4(8^2 - 7.5^2) = 6.087\,\text{cm}^2$

   水の断面積 $\pi/4(7.5^2) = 44.179\,\text{cm}^2$

4. 梁の曲げ応力とたわみ　61

　　　　　荷重 $q = 77.0 \times 10^3 \times 6.087 \times 10^{-4} + 9.81 \times 10^3 \times 44.179 \times 10^{-4}$
　　　　　　　　$= 90.209$ N/m
問題 8　任意の点の x の曲げモーメントは $M_x = -(M_A/l)x + M_A$
問題 9　任意の点の弾性荷重は $q_x' = (q/2EI)(lx - x^2)$

【応用問題解答】

問題 1　$\sigma_{max} = 187.5$ N/mm^2,　　$\tau_{max} = 3.8$ N/mm^2
問題 2　$P = 5\,866$ N
問題 3　$\sigma_{max} = 98.6$ N/mm^2
問題 4　$\sigma_1 = 56.1$ N/mm^2,　　$\sigma_2 = -16.1$ N/mm^2
　　　　$\theta_1 = 163.2°$（あるいは $\theta_1 = -16.8°$）
　　　　$\sigma_\psi = 52.3$ N/mm^2
　　　　$\tau_\psi = 16.0$ N/mm^2

モールの応力円で R 点の座標が σ_ψ, τ_ψ に相当する.

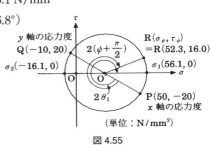

図 4.55

問題 5　図 4.56
問題 6　$0 < x < a$ において

$$y_1 = \frac{Pb}{6EIl}(l^2 - b^2 - x^2)$$

$$\theta_1 = \frac{Pb}{6EIl}(l^2 - b^2 - 3x^2)$$

$a < x < l$ において

$$y_2 = \frac{P}{6EIl}\{bx(l^2 - b^2 - x^2) + l(x - a)^3\}$$

$$\theta_2 = \frac{P}{6EIl}\{b(l^2 - b^2 - 3x^2) + 3l(x - a)^2\}$$

$$y_{max} = \frac{Pb}{9\sqrt{3}EIl}\sqrt{(l^2 - b^2)^3}$$

$x = \sqrt{(l^2 - b^2)/3}$ の位置で生じる.

$$\theta_A = \frac{Pab}{6EIl}(l + b),\qquad \theta_B = -\frac{Pab}{6EIl}(l + a)$$

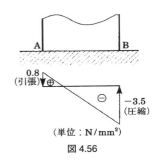

図 4.56

問題 7　　$y=\dfrac{q}{24EI}(x^4-4lx^3+6l^2x^2),\qquad y_B=\dfrac{ql^4}{8EI},\qquad \theta_B=\dfrac{ql^3}{6EI}$

問題 8　　$y=\dfrac{M_A l^2}{6EI}\left\{2\dfrac{x}{l}-3\left(\dfrac{x}{l}\right)^2+\left(\dfrac{x}{l}\right)^3\right\},\qquad \theta_A=\dfrac{M_A l}{3EI},\qquad \theta_B=-\dfrac{M_A l}{6EI}$

問題 9　　$\theta_A=\dfrac{ql^3}{24EI},\qquad \theta_B=-\dfrac{ql^3}{24EI},\qquad y_{\max}=\dfrac{5ql^4}{384EI}$

問題 10　$y_C=\dfrac{5Pl^3}{96EI}$

問題 11　$y_A=\dfrac{Pl^3}{8EI}$

5. 静定トラス

公式

　静定トラスは，一般には支点反力を求めた後，節点法または断面法によって部材力を求める．なお，解説図では，説明の便宜上，未知部材力に＊を付ける．

（1）　節点法

　節点に集まるすべての部材の部材力の水平分力と水平外力，および鉛直分力と鉛直外力が釣合うことから，次の連立方程式を得る．

$$\sum N_{hi} + H_i = 0 \quad (5\text{-}1\text{a})$$
$$\sum N_{vi} + V_i = 0 \quad (5\text{-}1\text{b})$$

ここに，N_{hi}，N_{vi}：節点 i に集まる部材の部材力の水平および鉛直成分（$i=1, 2, \cdots\cdots$），H_i，V_i：節点 i に作用する外力の水平および鉛直成分の総和．

（2）　断面法

　トラスの3部材を切る断面を考え，その中の2部材（延長線を含む）の交点におけるモーメントの釣合いより，次の式を得る．

$$\sum M_O = \sum M_i + N \cdot l = 0 \quad (5\text{-}2)$$

ここに，M_i：断面の右側あるいは左側に作用する外力（$i=1, 2, \cdots\cdots$）の部材交点 O に関するモーメント，N：未知部材力，l：交点から未知部材までの垂直距離．

　（注）公式(5-1a)，(5-1b)によらなければならないこともある．

基本問題1　　図5.1のトラスの部材力を節点法で求めよ．

[解答]　支点反力，部材力，部材角を図5.2のように定める．系全体の釣合いから，支点反力を求める．

　水平方向の釣合い，$\sum H = 0$ より

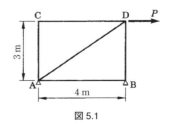

図 5.1

$$H_A + P = 0 \tag{1}$$

鉛直方向の釣合い，$\sum V = 0$ より
$$V_A + V_B = 0 \tag{2}$$

支店 A まわりのモーメントの釣合い，$\sum M_A = 0$ より
$$P \cdot 3 - V_B \cdot 4 = 0 \tag{3}$$

式(1)〜(3)から
$$H_A = -P, \quad V_B = \frac{3}{4}P,$$
$$V_A = -\frac{3}{4}P \tag{4}$$

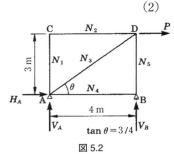

図 5.2

節点法で解く．

① 節点 C において（図 5.3）
$$\left.\begin{array}{l} \sum H = 0, \quad \therefore N_2 = 0 \\ \sum V = 0, \quad -N_1 = 0, \quad \therefore N_1 = 0 \end{array}\right\} \tag{5}$$

② 支点 B において（図 5.4）
$$\left.\begin{array}{l} \sum H = 0, \quad -N_4 = 0, \quad \therefore N_4 = 0 \\ \sum V = 0, \quad N_5 + V_B = 0, \quad \therefore N_5 = -V_B = -\frac{3}{4}P \end{array}\right\} \tag{6}$$

③ 支点 A において（図 5.5）
$$\sum V = 0, \quad V_A + N_1 + N_3 \sin\theta = 0$$
$$\therefore N_3 = \frac{-(V_A + N_1)}{\sin\theta} = \frac{-\left(-\frac{3}{4}P + 0\right)}{\frac{3}{5}} = \frac{5}{4}P \tag{7}$$

④ 節点 D においてチェック（図 5.6）
$$\sum H = 0, \quad -N_2 - N_3 \cos\theta + P = 0 - \left(\frac{5}{4}P\right) \cdot \frac{4}{5} + P = 0 \quad \text{OK} \tag{8}$$

部材力の算定結果を図示すると図 5.7 のようになる．

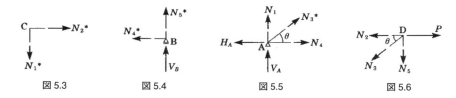

| 図 5.3 | 図 5.4 | 図 5.5 | 図 5.6 |

[ポイント]
① 力やモーメントの方向は自由に定めてよいが，ここでは上向き，右向きの力と時計回りのモーメントを正とする．
② 部材力は引張力を仮定し，これを正とする．図 5.8 の矢印の方向が正となる．
③ 未知部材力（＊印）が 2 個以下の節点から順に算定する．
④ 式(7)までで，算定は終了しているが，式(8)は検算のためである．

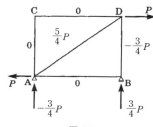

図 5.7

図 5.8

基本問題 2 図 5.9 の平行弦ワーレントラスの部材力を節点法および断面法で求めよ．

[解答] 反力，部材力，部材角を図 5.10 のように定める．

支点 B まわりのモーメントの釣合い

$\sum M_B = 0$ より

$$V_A \times 24 - 400 \times 18 - 400 \times 12 = 0$$

$$\therefore V_A = 500 \text{ kN}$$

$\sum V = 0$ より

$$V_A + V_B - 400 - 400 = 0$$

$$\therefore V_B = 300 \text{ kN}$$

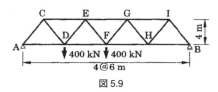

図 5.9

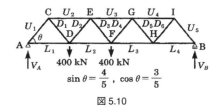

$\sin\theta = \dfrac{4}{5}$, $\cos\theta = \dfrac{3}{5}$

図 5.10

1) 節点法で求める場合
① 支点 A において（図 5.11）

$$\sum V=0, \quad V_A+U_1\sin\theta=0, \quad \therefore \quad U_1=-\frac{V_A}{\sin\theta}=-625\text{ kN}$$

$$\sum H=0, \quad U_1\cos\theta+L_1=0, \quad \therefore \quad L_1=-U_1\cos\theta=375\text{ kN}$$

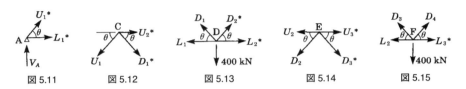

図 5.11　　　図 5.12　　　図 5.13　　　図 5.14　　　図 5.15

② 節点 C において（図 5.12）

$$\sum V=0, \quad U_1\sin\theta+D_1\sin\theta=0, \quad \therefore \quad D_1=-U_1=625\text{ kN}$$
$$\sum H=0, \quad -U_1\cos\theta+D_1\cos\theta+U_2=0,$$
$$\therefore \quad U_2=(U_1-D_1)\cos\theta=-750\text{ kN}$$

③ 節点 D において（図 5.13）

$$\sum V=0, \quad D_1\sin\theta+D_2\sin\theta-400=0,$$
$$\therefore \quad D_2=-D_1+\frac{400}{\sin\theta}=-125\text{ kN}$$
$$\sum H=0, \quad -L_1-D_1\cos\theta+D_2\cos\theta+L_2=0,$$
$$\therefore \quad L_2=L_1+(D_1-D_2)\cos\theta=825\text{ kN}$$

④ 節点 E において（図 5.14）

$$\sum V=0, \quad D_2\sin\theta+D_3\sin\theta=0, \quad \therefore \quad D_3=-D_2=125\text{ kN}$$
$$\sum H=0, \quad -U_2-D_2\cos\theta+D_3\cos\theta+U_3=0,$$
$$\therefore \quad U_3=U_2+(D_2-D_3)\cos\theta=-900\text{ kN}$$

⑤ 節点 F において（図 5.15）

$$\sum V=0, \quad D_3\sin\theta+D_4\sin\theta-400=0,$$
$$\therefore \quad D_4=-D_3+\frac{400}{\sin\theta}=375\text{ kN}$$
$$\sum H=0, \quad -L_2-D_3\cos\theta+D_4\cos\theta+L_3=0,$$
$$\therefore \quad L_3=L_2+D_3\cos\theta-D_4\cos\theta=675\text{ kN}$$

5. 静定トラス 67

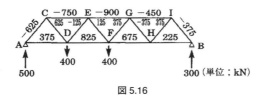

図 5.16

以下省略するが，部材力の算定結果を図示すると図 5.16 のようになる．

2) 断面法で求める場合

図 5.17 のように切断面 t_1, t_2, t_3 をとる．

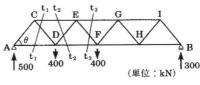

図 5.17

① 断面 t_1 の左側について（図 5.18）

$\sum M_C = 0$, $500 \times 3 - L_1 \times 4 = 0$,
$\therefore L_1 = 375$ kN

$\sum M_D = 0$, $500 \times 6 + U_2 \times 4 = 0$, $\therefore U_2 = -750$ kN

$\sum V = 0$, $500 - D_1 \sin \theta = 0$, $\therefore D_1 = 625$ kN

② 断面 t_2 の左側について（図 5.19）

$\sum M_E = 0$, $500 \times 9 - 400 \times 3 - L_2 \times 4 = 0$, $\therefore L_2 = 825$ kN

$\sum V = 0$, $500 - 400 + D_2 \sin \theta = 0$, $\therefore D_2 = -125$ kN

U_2 を求める場合には，①と同じ式になる．

③ 断面 t_3 の左側について（図 5.20）

$\sum M_F = 0$, $500 \times 12 - 400 \times 6 + U_3 \times 4 = 0$, $\therefore U_3 = -900$ kN

$\sum V = 0$, $500 - 400 - D_3 \sin \theta = 0$, $\therefore D_3 = 125$ kN

L_2 を求める場合には，②と同じ式になる．

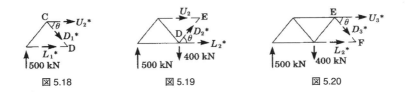

図 5.18　　　図 5.19　　　図 5.20

[ポイント]
① 断面法においても，部材力 U_1 は支点 A における節点法で求める．
② 断面法では，原則として 3 個の部材を切るような仮想切断を考え，そのうち 2 個の部材（またはその延長線）の交点に関するモーメントの釣合いと水平力または鉛直力の釣合いを用いて部材力を算定する．したがって，節点法のように順序よく計算を進める必要はなく，求めようとする部材力を直接求めることができる．
③ 部材力の算定は断面の左側あるいは右側の，いずれの釣合いを考えてもよいが，この解答の切断の場合には，左側を考えた方が計算の手間が少ない．
④ 図 5.16 からわかるように，上弦材は圧縮力を，下弦材は引張力を受ける．また，この問題のように，ワーレントラスの斜材は，その向きによって，引張材あるいは圧縮材となる．

[基本問題 3] 図 5.21 の平行弦ハウトラスの部材力を求めよ．

[解答] 反力，部材力，部材角を図 5.22 のように定める．
対称性から，支点反力は $V_A = V_B = 450$ kN

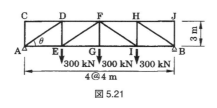

図 5.21

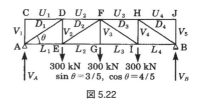

図 5.22

1) 節点法
① 節点 C において（図 5.23）
$$\sum V = 0, \quad \therefore V_1 = 0, \quad \sum H = 0, \quad \therefore U_1 = 0$$
② 支点 A において（図 5.24）
$$\sum V = 0, \quad V_1 + D_1 \sin\theta + V_A = 0, \quad \therefore D_1 = \frac{-(V_A + V_1)}{\sin\theta} = -750 \text{ kN}$$
$$\sum H = 0, \quad D_1 \cos\theta + L_1 = 0, \quad \therefore L_1 = -D_1 \cos\theta = 600 \text{ kN}$$
③ 節点 D において（図 5.25）

5. 静定トラス   69

$\sum V=0, \quad -D_1\sin\theta - V_2 = 0, \quad \therefore \quad V_2 = -D_1\sin\theta = 450\,\text{kN}$

$\sum H=0, \quad -U_1 - D_1\cos\theta + U_2 = 0, \quad \therefore \quad U_2 = U_1 + D_1\cos\theta = -600\,\text{kN}$

④ 節点 E において（図 5.26）

$\sum V=0, \quad -300 + V_2 + D_2\sin\theta = 0, \quad \therefore \quad D_2 = \dfrac{300-V_2}{\sin\theta} = -250\,\text{kN}$

$\sum H=0, \quad -L_1 + D_2\cos\theta + L_2 = 0, \quad \therefore \quad L_2 = L_1 - D_2\cos\theta = 800\,\text{kN}$

⑤ 節点 G において（図 5.27）

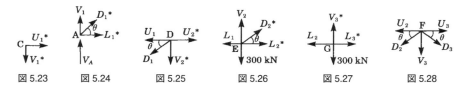

図 5.23　　図 5.24　　図 5.25　　図 5.26　　図 5.27　　図 5.28

$\sum V=0, \quad -300 + V_3 = 0, \quad\quad\quad\quad \therefore \quad V_3 = 300\,\text{kN}$

$\sum H=0, \quad -L_2 + L_3 = 0, \quad\quad\quad\quad\quad \therefore \quad L_3 = L_2 = 800\,\text{kN}$

⑥ 他の部材力は，対称性から定まる．

⑦ 節点 F においてチェック（図 5.28）

$\sum V=0, \quad -D_2\sin\theta - V_3 - D_3\sin\theta = 250\times\dfrac{3}{5} - 300 + 250\times\dfrac{3}{5}$

$\quad\quad\quad\quad\quad\quad\quad\quad = 0\,\text{kN} \quad\quad \text{OK}$

部材力の算定結果は図 5.29 のようになる．

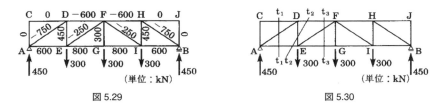

図 5.29　　　　　　　　　　　　図 5.30

2) 断面法

図 5.30 のように切断面 t_1, t_2, t_3 をとる．

① 断面 t_1 において（図 5.31）

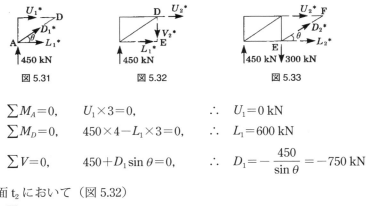

図 5.31　　　　図 5.32　　　　図 5.33

$\sum M_A = 0$, 　$U_1 \times 3 = 0$, 　　　∴ $U_1 = 0$ kN

$\sum M_D = 0$, 　$450 \times 4 - L_1 \times 3 = 0$, 　∴ $L_1 = 600$ kN

$\sum V = 0$, 　$450 + D_1 \sin\theta = 0$, 　∴ $D_1 = -\dfrac{450}{\sin\theta} = -750$ kN

② 断面 t_2 において（図 5.32）

$\sum M_E = 0$, 　$450 \times 4 + U_2 \times 3 = 0$, 　∴ $U_2 = -600$ kN

$\sum V = 0$, 　$450 - V_2 = 0$, 　　　∴ $V_2 = 450$ kN

③ 断面 t_3 において（図 5.33）

$\sum M_F = 0$, 　$450 \times 8 - 300 \times 4 - L_2 \times 3 = 0$, 　∴ $L_2 = 800$ kN

$\sum V = 0$, 　$450 - 300 + D_2 \sin\theta = 0$, 　∴ $D_2 = \dfrac{-(450-300)}{\sin\theta} = -250$ kN

④ 部材力 V_1, V_3 については節点法で求める.

［考察］　ハウトラスの斜材は，本問のような対称荷重に対して圧縮材となる.

|基本問題4|　図 5.34 の曲弦ワーレントラスの部材力を節点法で求めよ.

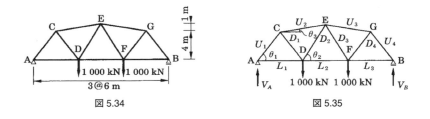

図 5.34　　　　　　　図 5.35

［解答］　支点反力，部材力，部材角を図 5.35 のように定める.

$\tan\theta_1 = \dfrac{4}{3}$, 　$\tan\theta_2 = \dfrac{5}{3}$, 　$\tan\theta_3 = \dfrac{1}{6}$

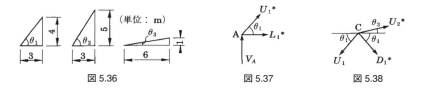

図 5.36　　　　　　　　　　図 5.37　　　　　図 5.38

$$\sin\theta_1 = \frac{4}{5}, \quad \sin\theta_2 = \frac{5}{\sqrt{34}}, \quad \sin\theta_3 = \frac{1}{\sqrt{37}}$$

$$\cos\theta_1 = \frac{3}{5}, \quad \cos\theta_2 = \frac{3}{\sqrt{34}}, \quad \cos\theta_3 = \frac{6}{\sqrt{37}}$$

構造，荷重の対称性から，$V_A = V_B = 1\,000$ kN

① 支点 A において（図 5.37）

$$\sum V = 0, \quad V_A + U_1 \sin\theta_1 = 0, \quad \therefore\ U_1 = -\frac{V_A}{\sin\theta_1} = -1\,250 \text{ kN}$$

$$\sum H = 0, \quad U_1 \cos\theta_1 + L_1 = 0, \quad \therefore\ L_1 = -U_1 \cos\theta_1 = 750 \text{ kN}$$

② 節点 C において（図 5.38）

$$\sum V = 0, \quad -U_1 \sin\theta_1 - D_1 \sin\theta_1 + U_2 \sin\theta_3 = 0 \tag{1}$$

$$\sum H = 0, \quad -U_1 \cos\theta_1 + D_1 \cos\theta_1 + U_2 \cos\theta_3 = 0 \tag{2}$$

式(1)，(2)を連立方程式として解く．

式(1)/$\sin\theta_1$，
$$-U_1 - D_1 + \frac{U_2 \sin\theta_3}{\sin\theta_1} = 0 \tag{3}$$

式(2)/$\cos\theta_1$，
$$-U_1 + D_1 + \frac{U_2 \cos\theta_3}{\cos\theta_1} = 0 \tag{4}$$

式(3)+式(4)は

$$-2U_1 + U_2 \left(\frac{\sin\theta_3}{\sin\theta_1} + \frac{\cos\theta_3}{\cos\theta_1}\right) = 0$$

$$\therefore\ U_2 = \frac{2U_1}{\sin\theta_3/\sin\theta_1 + \cos\theta_3/\cos\theta_1} = \frac{2\,000\sqrt{37}}{9} \text{ kN}$$

$$D_1 = U_1 - U_2 \frac{\cos\theta_3}{\cos\theta_1} = \frac{8\,750}{9} \text{ kN}$$

③ 節点 D において（図 5.39）

$$\sum V=0, \quad -1\,000+D_1\sin\theta_1+D_2\sin\theta_2=0$$

$$\therefore\quad D_2=\frac{1\,000-D_1\sin\theta_1}{\sin\theta_2}=\frac{400\sqrt{34}}{9}\text{ kN}$$

$$\sum H=0, \quad -L_1-D_1\cos\theta_1+D_2\cos\theta_2+L_2=0$$

$$\therefore\quad L_2=L_1+D_1\cos\theta_1-D_2\cos\theta_2=1\,200\text{ kN}$$

④ 節点 E においてチェック（図 5.40）

$$\sum V=0, \quad -U_2\sin\theta_3-D_2\sin\theta_2-U_3\sin\theta_3-D_3\sin\theta_2=0 \qquad \text{OK}$$

部材力の算定結果を図示すると図 5.41 のようになる．

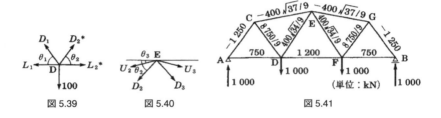

図 5.39　　図 5.40　　図 5.41

基本問題 5　図 5.42 のゲルバートラスについて，U_i, D_i, L_i ($i=1, 2, 3$) の部材力を求めよ．

[解答]　梁の場合と同様に考えて，支点反力を求める（図 5.43）．
単純梁部（CD）について

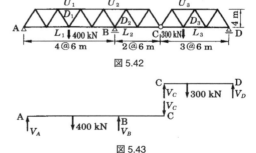

図 5.42

図 5.43

$$\sum M_D=0, \quad V_C\times 18-300\times 12=0, \quad \therefore\quad V_C=200\text{ kN}$$

$$\sum M_C=0, \quad 300\times 6-V_D\times 18=0, \quad \therefore\quad V_D=100\text{ kN}$$

張出し梁部（AC）について

$$\sum M_A=0, \quad 400\times 12-V_B\times 24+V_C\times 36=0, \quad \therefore\quad V_B=500\text{ kN}$$

$$\sum M_B=0, \quad V_A\times 24-400\times 12+V_C\times 12=0, \quad \therefore\quad V_A=100\text{ kN}$$

5. 静定トラス 73

節点および切断面を図 5.44 のように定める．

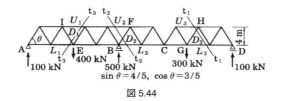

図 5.44

① 断面 t_1 について（図 5.45）

$\sum M_G = 0$, $\quad -U_3 \times 4 - 100 \times 12 = 0$, $\quad \therefore \quad U_3 = -300$ kN

$\sum M_H = 0$, $\quad L_3 \times 4 - 100 \times 9 = 0$, $\quad \therefore \quad L_3 = 225$ kN

$\sum V = 0$, $\quad -D_3 \sin\theta + 100 = 0$, $\quad \therefore \quad D_3 = 125$ kN

② 断面 t_2 について（図 5.46）

$\sum M_B = 0$, $\quad -U_2 \times 4 + 200 \times 12 = 0$, $\quad \therefore \quad U_2 = 600$ kN

$\sum M_F = 0$, $\quad -L_2 \times 4 - 200 \times 9 = 0$, $\quad \therefore \quad L_2 = -450$ kN

$\sum V = 0$, $\quad -D_2 \sin\theta - 200 = 0$, $\quad \therefore \quad D_2 = -250$ kN

③ 断面 t_3 について（図 5.47）

$\sum M_I = 0$, $\quad 100 \times 9 - L_1 \times 4 = 0$, $\quad \therefore \quad L_1 = 225$ kN

$\sum M_E = 0$, $\quad 100 \times 12 + U_1 \times 4 = 0$, $\quad \therefore \quad U_1 = -300$ kN

$\sum V = 0$, $\quad 100 - D_1 \sin\theta = 0$, $\quad \therefore \quad D_1 = 125$ kN

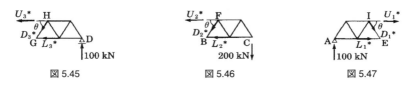

図 5.45　　　　　図 5.46　　　　　図 5.47

［考察］　ゲルバートラスは一見複雑にみえるが，解答のように分解すれば簡単である．ゲルバートラスの中間支点付近では，上弦材が引張材に，下弦材が圧縮材になることがある．

基本問題 6　　図 5.48 の K トラスの部材力を求めよ．

［解答］　支点反力，部材力，部材角を図 5.49 のように定め，節点法で求める．

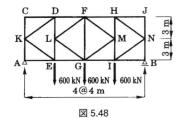
図 5.48

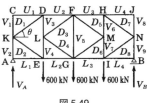
図 5.49

$$\sin\theta = \frac{3}{5}, \quad \cos\theta = \frac{4}{5}$$

対称性より，$V_A = V_B = 900$ kN

① 節点 C において（図 5.50）
$$\sum V = 0, \quad \therefore V_1 = 0, \quad \sum H = 0, \quad \therefore U_1 = 0$$

② 支点 A において（図 5.51）
$$\sum V = 0, \quad V_2 + V_A = 0, \quad \therefore V_2 = -V_A = -900 \text{ kN}$$
$$\sum H = 0, \quad L_1 = 0$$

③ 節点 K において（図 5.52）
$$\sum V = 0, \quad V_1 - V_2 + D_1 \sin\theta - D_2 \sin\theta = 0 \tag{1}$$
$$\sum H = 0, \quad D_1 \cos\theta + D_2 \cos\theta = 0 \tag{2}$$

式(1)，(2)より
$$D_1 = \frac{-(V_1 - V_2)}{2\sin\theta} = -750 \text{ kN}, \quad D_2 = -D_1 = 750 \text{ kN}$$

④ 節点 D において（図 5.53）
$$\sum V = 0, \quad -D_1 \sin\theta - V_3 = 0, \quad V_3 = -D_1 \sin\theta = 450 \text{ kN}$$
$$\sum H = 0, \quad -U_1 - D_1 \cos\theta + U_2 = 0, \quad \therefore U_2 = U_1 + D_1 \cos\theta = -600 \text{ kN}$$

⑤ 節点 E において（図 5.54）

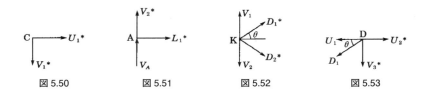

図 5.50　　　図 5.51　　　図 5.52　　　図 5.53

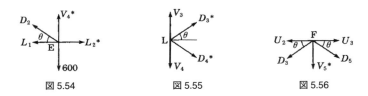

図 5.54　　　　　図 5.55　　　　　図 5.56

$$\sum V = 0, \quad -600 + D_2 \sin\theta + V_4 = 0, \quad \therefore \quad V_4 = 600 - D_2 \sin\theta = 150 \text{ kN}$$
$$\sum H = 0, \quad -L_1 - D_2 \cos\theta + L_2 = 0, \quad \therefore \quad L_2 = L_1 + D_2 \cos\theta = 600 \text{ kN}$$

⑥　節点 L において（図 5.55）

$$\sum V = 0, \quad V_3 - V_4 + D_3 \sin\theta - D_4 \sin\theta = 0 \tag{3}$$
$$\sum H = 0, \quad D_3 \cos\theta + D_4 \cos\theta = 0 \tag{4}$$

式(3)，(4)から

$$D_3 = \frac{-(V_3 - V_4)}{2\sin\theta} = -250 \text{ kN}, \quad D_4 = -D_3 = 250 \text{ kN}$$

⑦　節点 F において（図 5.56）

$$\sum V = 0, \quad 2D_3 \sin\theta + V_5 = 0, \quad \therefore \quad V_5 = -2D_3 \sin\theta = 300 \text{ kN}$$

対称性から，$U_3 = U_2 = -600$ kN，$D_5 = D_3 = -250$ kN

$\sum H = 0$ によってチェック

$$-U_2 - D_3 \cos\theta + U_3 + D_5 \cos\theta = 0 \quad \text{OK}$$

図は図 5.57 となる．

[考察]

① Kトラスは主として橋梁の横構など垂直荷重のみを受ける構造として用いられるが，その場合，上下弦材および上下対称斜材の部材力の絶対値は等しくなる．

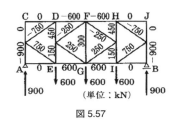

図 5.57

② 断面法によって部材力を算定する場合には，図 5.58 のような切断面をとる．

t_1 断面について（図 5.59）

$$\sum V = 0 \text{ より}, \quad V_A + D_1 \sin\theta - D_2 \sin\theta = 0 \tag{5}$$

節点 K において（図 5.59）

$\sum H=0$ より， $D_1\cos\theta+D_2\cos\theta=0$ (6)

式(5)，(6)から，D_1，D_2 を求める．

t_2 断面について（図 5.60）

 $\sum M_E=0$ より， $V_A\lambda+U_2(2h)=0$ (7)

 $\sum M_D=0$ より， $V_A\lambda-L_2(2h)=0$ (8)

式(7)，(8)から，U_2，L_2 を求める．

t_3 断面について（図 5.61）

 $\sum V=0$ より， $V_A-P+D_3\sin\theta-D_4\sin\theta=0$ (9)

節点 L において（図 5.61）

 $\sum H=0$ より， $D_3\cos\theta+D_4\cos\theta=0$ (10)

式(9)，(10)から，D_3，D_4 を求める．

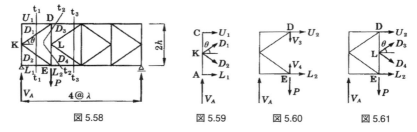

図 5.58　　　　図 5.59　　　図 5.60　　　図 5.61

【応用問題 1】　図 5.62 のトラスの部材力を求めよ．

【応用問題 2】　図 5.63 の平行弦ハウトラスの部材力を求めよ．

【応用問題 3】　図 5.64 の平行弦プラットトラスの部材力を求めよ．

【応用問題 4】　図 5.65 のトラスの L，D，R 部材の部材力を求めよ．

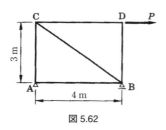

図 5.62

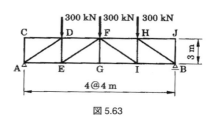

図 5.63

5. 静定トラス 77

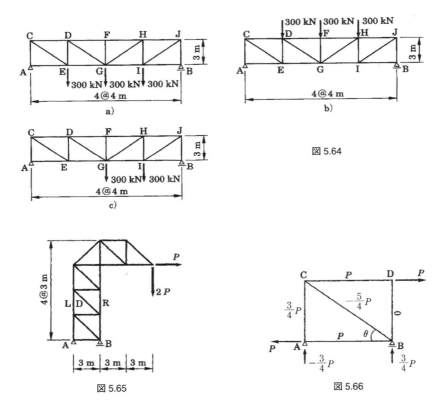

図 5.64

図 5.65

図 5.66

【応用問題解答】
　問題1　部材力の算定結果を図示すると図5.66のようになる.
［考察］　本題と基本問題1とは，斜材の向きが異なるだけであるが，図5.7と図5.66にみられるように部材力は変化する．特に斜材と垂直材では，引張力が圧縮力に変わる．部材力が0である部材があるが，この問題の荷重の場合だけであって，荷重状態が変われば力が生じる.
　問題2　部材力の算定結果を図示すると図5.67ようになる．
［考察］　上弦材載荷（本問）と下弦材載荷（基本問題3）について，上下弦材および斜材の部材力は変わらない．いずれの場合も，垂直材は引張材となるが荷重の大きさの分だけ部材力が変化する（図5.29参照）.

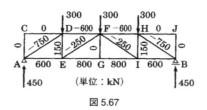

図 5.67

問題 3 部材力の算定結果を図示すると図 5.68 のようになる．ただし c) の場合は，たとえば支点 B まわりのモーメントの釣合いより，$V_A \times 16 - 300 \times 8 - 300 \times 4 = 0$ で，$V_A = 225$ kN となる．

[考察]

① ハウトラスとプラットトラスとでは，斜材の向きが異なる．

　ハウトラスの結果（図 5.29）と比較すると，次のことがわかる．両者とも，上弦材が圧縮材，下弦材が引張材となることは同様であるが，部材力の絶対値はハウトラスの下弦材の部材力がプラットトラスの上弦材の部材力に，同じくハウトラスの上弦材の部材力がプラットトラスの下弦材の部材力と同じになる．

　垂直材の部材力は，ハウトラスでは引張力であるものが，プラットトラスでは圧縮力となり，斜材はハウトラスでは圧縮材，プラットトラスでは引張材になるのが，両者の大きな相違点である．

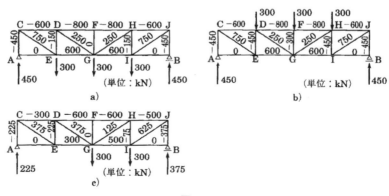

図 5.68

② プラットトラスの部材力の算定結果は，載荷弦が異なっても［図 5.68 a)，b)］，垂直材を除いて同じである．垂直材はハウトラスの場合と同様に，載荷位置の関係で荷重の分だけ圧縮力が増す．

問題 4　　$L = 6P$
　　　　　$R = -7P$
　　　　　$D = -\sqrt{2}P$

［考察］　切断面を図 5.69 のように定めて，断面の上部あるいは下部の釣合いを考えて解く．上部の釣合いを考える場合には，支点反力を求める必要はない．また，下部の釣合いを考える場合には，支点反力の計算が必要となるが，支点 A に水平反力 H_A が生じるので注意を要する．このとき，水平反力 H_A は，$-P$（左向き）となる．

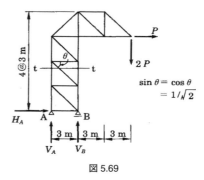

図 5.69

6. 影響線

> **公式**
>
> 影響線とは，単位荷重 $\overline{P}=1$ がたとえば梁上を移動したときに，反力やある点の曲げモーメントなどの大きさを，その荷重位置の縦距 y として表したものである．影響線を利用することにより，
>
> 集中荷重による曲げモーメントを求める式
> $$M_C = P_1 y_1 + P_2 y_2 + \cdots\cdots + P_n y_n \tag{6-1}$$
> 等分布荷重による曲げモーメントを求める式
> $$M_C = q \times (荷重直下の面積) \tag{6-2}$$

（1） 影響線の描き方

基本問題 1 図 6.1 の単純梁で，反力 R_A，R_B の影響線図を描け．

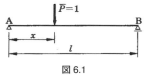

図 6.1

[解答]　単位荷重 $\overline{P}=1$ が A 支点から x の位置に載っているとき，A 支点の反力 R_A は

$$R_A = \frac{1 \times (l-x)}{l}$$

したがって，x を 0 から l まで変化させ，それぞれ x の位置に上式で計算された R_A を，縦距 y として上向きにプロットして得られた図 6.2 a) が R_A の影響線である．

同様にして

$$R_B = \frac{1 \times x}{l}$$

であるから，R_B の影響線は b) のようになる．

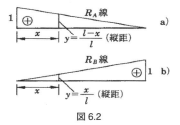

図 6.2

基本問題 2　図 6.3 の単純梁で，C 点のせん断力 S_C，曲げモーメント M_C の影響線図を描け．

[解答]　単位荷重 $\overline{P}=1$ が AC 間を移動するとき C 点のせん断力 S_C は

$$S_C = -R_B$$

曲げモーメント M_C は

$$M_C = R_B b$$

したがって，前問の R_B の影響線を利用し，AC 間を符号を変えて，あるいは b 倍して描けばよい．同様にして，CB 間を移動するときは

$$S_C = R_A, \qquad M_C = R_A a$$

なので R_A の影響線の CB 間を，そのままあるいは a 倍すればよい．したがって，せん断力の影響線が図 6.4 a)，曲げモーメントの影響線が b) のようになる．

[考察]　反力の影響線は，R_A 線，R_B 線，せん断力，曲げモーメントの影響線は S_C 線，M_C 線とそれぞれ略称される．

　図 6.4 a) で，せん断力の影響線が，C 点で不連続に変わること，AC 間と CB 間で平行になること，に注意する必要がある．また，b) で，R_A 線を a 倍したものと，R_B 線を b 倍したものが，C 点の位置で一致することは，それぞれから計算した縦距が

$$\frac{a}{l}b = \frac{b}{l}a$$

となるので確認できる．

基本問題 3　図 6.5 のように，$\overline{P}=1$ が左支点から x_1，x_2，x_3 の距離にあるときの曲げモーメント図を描き，C 点における曲げモーメントの影響線図との関係を示せ．

[解答] $\overline{P}=1$ が x_1, x_2, x_3 に来たときの曲げモーメント図は，図 6.6 a)～c) となる．C 点の曲げモーメントの影響線は，a)～c) の状態で C 点の曲げモーメント y_1, y_2, y_3 を，荷重の位置 x_1, x_2, x_3 に対して示したものであるから，図 d) となる．

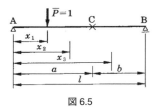

図 6.5

（2）影響線の応用

[基本問題 4] 図 6.7 のように，単純梁上に集中荷重 $P_1 \sim P_n$ が載ったとき，影響線を利用して C 点における曲げモーメント M_C を求めよ．

[解答] 図 6.8 のように荷重 $P_1 \sim P_n$ に対する影響線の縦距を $y_1 \sim y_n$ とすれば

$$M_C = P_1 y_1 + P_2 y_2 + \cdots\cdots + P_n y_n$$

(6-1)

である．なぜならば，たとえば P_1 の位置の縦距 y_1 は P_1 の位置に単位荷重 1 が載ったときの C 点の曲げモーメントであるから，それを P_1 倍すれば P_1 が載ったときの C 点の曲げモーメントになる．

[考察] y_1, y_2 等の縦距は，曲げモーメントを表すが単位はたとえば m である．なぜならば，荷重が 1（1 kN ではない）だから 1×(m) で m となる．

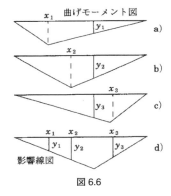

図 6.6

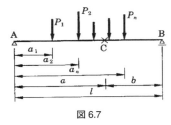

図 6.7

[基本問題 5] 図 6.9 のように単純梁上に等分布荷重 q が載ったとき，影響線を利用して C 点における曲げモーメント M_C を求めよ．

[解答] 図 6.10 のように等分布荷重直下の影響線面積を斜線部分で表せば

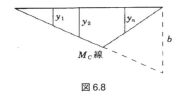

図 6.8

$M_C = q \times ($荷重直下の面積$)$ 　　(6-2)

である．

[考察]　公式(6-2)は
$$M_C = \int_{a1}^{a2} q y_x dx$$
と表すことができ，集中荷重(基本問題4)と対応させれば x における qdx が P_i に，y_x が y_i に対応すると考えればよい．この積分で表した式は，q が x の関数として変化する場合にも適用できる．

単位を考えると，縦距(m)，斜線部の面積(m^2)，荷重強度(kN/m)，したがって M_C (kN・m)となる．

[基本問題6]　図6.11に示すような単純梁に2つの集中荷重が作用しているときの支点Aの反力 R_A を影響線を利用して求めよ．

[解答]　図6.12において比例関係より

$$y_1 = \frac{7}{10} = 0.7 \quad y_2 = \frac{4}{10} = 0.4$$

$$R_A = P_1 y_1 + P_2 y_2 = 40 \times 0.7 + 60 \times 0.4$$
$$= 28 + 24 = 52 \text{ kN}$$

[基本問題7]　図6.14の単純梁で，C点のせん断力が最大になる(絶対値で)のは，等分布荷重をどの範囲に載荷したときか．

[解答]　基本問題2から，S_C 線は図6.15 a)となる．公式(6-2)をせん断力の場合に応用すれば，せん断力が最大になるのは，影響線図で荷重直下の面積が最大のときである．この場合

　　　　$a > b$

なので図b)のようにAC間に載荷したときが最大となる．

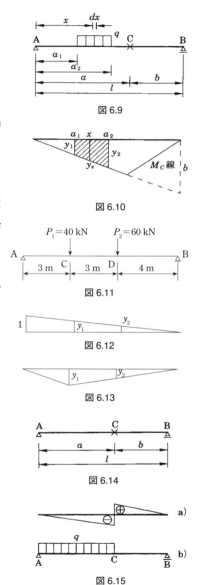

図6.9

図6.10

図6.11

図6.12

図6.13

図6.14

図6.15

基本問題 8 図 6.11 に示すような単純梁 2 つの集中荷重が作用しているときの C 点の曲げモーメント M_C を影響線を利用して求めよ。

[解答] 図 6.13 において

$$y_1 = \frac{a \cdot b}{l} = \frac{3 \times 7}{10} = 2.1$$

比例関係より

$$y_2 = \frac{3 \times 7}{10} \times \frac{4}{7} = \frac{3 \times 4}{10} = 1.2$$

$$M_C = P_1 y_1 + P_2 y_2 = 40 \times 2.1 + 60 \times 1.2$$
$$= 84 + 72 = 156 \text{ kN} \cdot \text{m}$$

基本問題 9 図 6.16 に示すような単純梁に 2 つの集中荷重と等分布荷重が作用しているときの支点 A の反力 R_A と支点 B の反力 R_B を影響線を利用して求めよ。

[解答] 図 6.17 において比例関係より

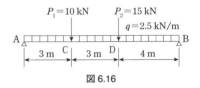

図 6.16

$$y_1 = \frac{7}{10} = 0.7 \qquad y_2 = \frac{4}{10} = 0.4$$

影響線面積 $A = \frac{1}{2} \times 1 \times 10 = 5 \text{ m}$

$$R_A = P_1 y_1 + P_2 y_2 + qA$$
$$= 10 \times 0.7 + 15 \times 0.4 + 2.5 \times 5$$
$$= 7 + 6 + 12.5 = 25.5 \text{ kN}$$

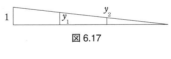

図 6.17

次に R_B を求める。

図 6.18 において比例関係より

図 6.18

$$y_1 = \frac{3}{10} = 0.3 \qquad y_2 = \frac{6}{10} = 0.6$$

影響線面積 $A = \frac{1}{2} \times 1 \times 10 = 5 \text{ m}$

$$R_B = P_1 y_1 + P_2 y_2 + qA$$
$$= 10 \times 0.3 + 15 \times 0.6 + 2.5 \times 5$$
$$= 3 + 9 + 12.5 = 24.5 \text{ kN}$$

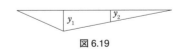

図 6.19

基本問題 10 図 6.16 に示すような単純梁に 2 つの集中荷重と等分布荷重が作用しているときの C 点の曲げモーメント M_C を影響線を利用して求めよ。

[解答] 図 6.19 において $y_1 = \dfrac{3 \times 7}{10} = 2.1$ m

比例関係より $y_2 = \dfrac{3 \times 7}{10} \times \dfrac{4}{7} = \dfrac{3 \times 4}{10} = 1.2$ m

影響線面積 $A = \dfrac{1}{2} \times 2.1 \times 10 = 10.5$ m^2

$M_C = P_1 y + P_2 y_2 + q A$
$= 10 \times 2.1 + 15 \times 1.2 + 2.5 \times 10.5$
$= 21 + 18 + 26.25 = 65.25$ kN·m

(3) トラスの影響線

基本問題 11 図 6.20 のプラットトラスで,4部材 U,D,V,L の影響線図を描け.ただし,下弦材載荷とする.

[解答] 反力の影響線は単純梁と同じになる.なぜならば,移動の過程では荷重が縦桁を通じて両側の節点に伝えられるが,それらの荷重の合力はもとの移動荷重だからである.

各部材については断面法で計算するのがよく,まず $\overline{P} = 1$ が切断される部材 CF 上にない場合について考える.

U,D,L については,①断面で切断し,$\overline{P} = 1$ が AC 間を移動するときは

$U = -\dfrac{3a}{h} R_B$ ($\sum M_F = 0$ より)

$D \sin\theta = -R_B$ ($\sum V = 0$ より)

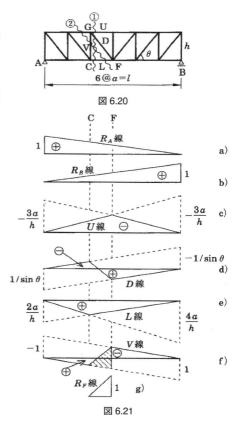

図 6.20

図 6.21

$$L = \frac{4a}{h} R_B \quad (\sum M_G = 0 \text{ より})$$

FB 間を移動するときは

$$U = -\frac{3a}{h} R_A \quad (\sum M_F = 0 \text{ より})$$

$$D \sin\theta = R_A \quad (\sum V = 0 \text{ より})$$

$$L = \frac{2a}{h} R_A \quad (\sum M_G = 0 \text{ より})$$

部材 V については②断面で切断し，$\overline{P}=1$ が AC 間を移動するときは

$$V = R_B \quad (\sum V = 0 \text{ より})$$

FB 間を移動するときは

$$V = -R_A$$

$\overline{P}=1$ が CF 間（切断される部材上）を移動するときは，上で得られた結果の CF 間を直線で結べばよい．このことは，CF 間を単純梁とみなした場合の支点 F の反力影響線 R_F 線 ［図 6.21 g)］ を考えると，たとえば

$$V = R_B - R_F$$

となる ［図 f) の斜線部が図 g) に対応する］ ことから知られる．これらの結果をまとめると図 c)～f) となる．

基本問題 12　図 6.22 のワーレントラスで，4 部材 U，D_1，D_2，L の影響線図を描き，それを利用してそれぞれの部材力を求めよ．

[解答]　U 線：$\overline{P}=1$ が CB 間を移動するときは

$$R_A \times 6 + U \times 4 = 0$$

$$\therefore\ U = -1.5 R_A$$

A 点では $U=0$ であり，図 6.23 a) のように AC 間は両端を直線で結べばよい．

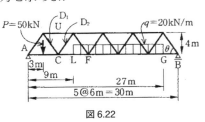

図 6.22

D_1 線：$\overline{P}=1$ が CB 間を移動するときは，$\sin\theta$ が 4/5 だから

$$R_A = D_1 \sin\theta = 0.8 D_1$$

$$\therefore\ D_1 = 1.25 R_A$$

A点では$D_1=0$であり，図b)のように AC間は両端を直線で結べばよい．

D_2線：$\overline{P}=1$がFB間を移動するときは
$$R_A+D_2\sin\theta=0$$
$$\therefore\quad D_2=-1.25R_A$$
AC間を移動するときは
$$R_B=D_2\sin\theta$$
$$\therefore\quad D_2=1.25R_B$$
したがって，図c)のようにCF間は両端を直線で結べばよい．

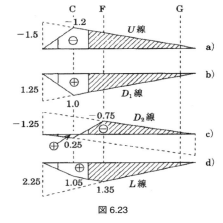

図6.23

L線：$\overline{P}=1$がFB間を移動するときは
$$R_A\times 9=L\times 4$$
$$\therefore\quad L=2.25R_A$$
AC間を移動するときは
$$R_B\times 21=L\times 4$$
$$\therefore\quad L=5.25R_B$$
したがって，図d)のようにCF間は両端を直線で結べばよい．

部材力の計算は，表6.1に示した．ただし，等分布荷重に対して斜線部の面積を求めるのに，U，D_1については両端の縦距だけで十分であるが，D_2，Lについては F 点の縦距が必要なので示してある．表6.1で面積の単位がmになるのは，部材の影響線で縦距の単位が1だからである（基本問題9と同様）．

表6.1

部材	P(kN)		q(kN/m)					合計 (kN)
	縦距 (−)	部材力 (kN)	左端縦距 (−)	F点縦距 (−)	右端縦距 (−)	面積 (m)	部材力 (kN)	
U	−0.600	−30.0	−1.050	−	−0.150	−10.80	−216.0	−246.0
D_1	0.500	25.0	0.875	−	0.125	9.00	180.0	205.0
D_2	0.125	6.3	−0.250	−0.750	−0.125	−8.06	−161.2	−154.9
L	0.525	26.3	1.200	1.350	0.225	15.64	312.8	339.1

ちなみに，曲げモーメントの影響線は縦距の単位が m であるため，面積の単位が m^2 になる（基本問題 4, 5）．

7. 柱の座屈

公式

オイラー（Euler）の座屈荷重は

$$P_E = \frac{\pi^2 EI}{l^2} \tag{7-1}$$

座屈応力度は

$$\sigma_E = \frac{P_E}{A} = \frac{\pi^2 EI}{l^2 A} = \frac{\pi^2 E}{l^2/r^2} = \frac{\pi^2 E}{\lambda^2} \tag{7-2}$$

ここに，r：断面2次半径（$r^2 = I/A$），λ：細長比（$=l/r$）．

このとき，たわみ形は

$$v = B \sin \alpha x = B \sin\left(\frac{\pi}{l}\right) x \quad （B は任意の定数）$$

基本問題 1 図 7.1 の柱の座屈荷重 P_E と座屈応力度 σ_E およびたわみ形を誘導せよ．

[解答] 図 7.2 のように x, y 座標をとり，柱の y 方向変位（たわみ）を v とする．

x 点の曲げモーメントは

$$M = Pv \tag{1}$$

たわみと曲げモーメントの間には次の関係がある．

$$\frac{d^2 v}{dx^2} = -\frac{M}{EI} \tag{2}$$

式(1)，(2)より

$$\frac{d^2 v}{dx^2} + \frac{P}{EI} v = 0 \tag{3}$$

$$P/EI = \alpha^2 \tag{4}$$

とおいて，式(3)は

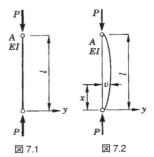

図 7.1　　図 7.2

$$\frac{d^2v}{dx^2}+\alpha^2 v=0 \tag{5}$$

となる．式(5)の解を

$$v=e^{\lambda x} \tag{6}$$

とおくと

$$\frac{d^2v}{dx^2}=\lambda^2 e^{\lambda x} \tag{7}$$

式(6)，(7)を式(5)に代入して

$$\frac{d^2v}{dx^2}+\alpha^2 v=\lambda^2 e^{\lambda x}+\alpha^2 e^{\lambda x}=(\lambda^2+\alpha^2)e^{\lambda x}=0$$

したがって，$\lambda^2+\alpha^2=0$ であることが必要である．

$$\therefore \lambda_{1,2}=\pm\alpha i \quad (i=\sqrt{-1})$$

よって，一般解は

$$v=A'e^{\lambda_1 x}+B'e^{\lambda_2 x}=A\cos\alpha x+B\sin\alpha x \tag{8}$$

A，B は未定係数で，柱の支持条件から決定する．

$$\left.\begin{array}{l} x=0 \text{ で } v=0 \quad (\text{ヒンジ}) \quad A=0 \\ x=l \text{ で } v=0 \quad (\text{ヒンジ}) \quad A\cos\alpha l+B\sin\alpha l=0 \end{array}\right\} \tag{9}$$

$$\therefore A=0, \quad B\sin\alpha l=0 \tag{10}$$

式(10)を満足するのは，$B=0$ または $\sin\alpha l=0$．$B=0$ のとき，$A=B=0$ すなわち $v=0$ となり，たわみは生じないので解としては不適（自明な解）．$\sin\alpha l=0$ のとき，$\alpha l=0$, π, 2π, 3π, ……$=m\pi$ ($m=0, 1, 2, 3, $……)，$\alpha l=0$ のときは，$v=0$ となり不適．

$$\therefore \alpha=m\pi/l \quad (m=1, 2, 3, ……)$$

式(4)に代入して

$$P=EI\alpha^2=EI\left(\frac{m\pi}{l}\right)^2$$

P がいちばん小さくなるのは $m=1$ のときで，そのときの荷重が座屈荷重 P_E となる．

$$P_E=\frac{\pi^2 EI}{l^2} \tag{11}$$

座屈応力度 $\sigma_E = P_E/A$ であるから, $I/A = r^2$, $l/r = \lambda$ を代入して

$$\sigma_E = \frac{P_E}{A} = \frac{\pi^2 EI}{l^2 A} = \frac{\pi^2 E}{l^2/r^2} = \frac{\pi^2 E}{\lambda^2} \tag{12}$$

このとき，たわみ形は

$$v = B \sin \alpha x = B \sin \left(\frac{\pi}{l}\right) x \quad (B \text{ は任意}) \tag{13}$$

となる．

　本問のような両端ヒンジの柱の座屈，座屈荷重，座屈応力度をそれぞれオイラーの座屈，座屈荷重，座屈応力度という．

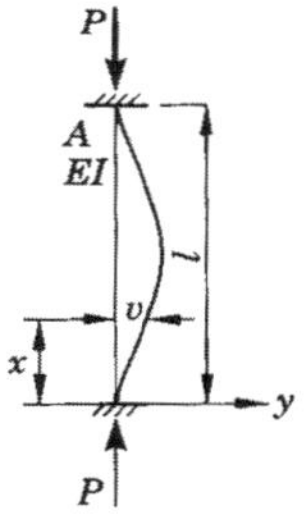

[基本問題2] 図7.3の両端固定柱の座屈荷重を求めよ．

[解答] 　前問式(5)をさらに2回微分する．

$$\frac{d^4 v}{dx^4} + \alpha^2 \frac{d^2 v}{dx^2} = 0, \quad \alpha^2 = \frac{P}{EI} \tag{1}$$

上式の一般解は

$$v = A \cos \alpha x + B \sin \alpha x + C x + D \tag{2}$$

　　　　(A, B, C, D は未定係数)

支持条件は

$$\left.\begin{array}{l} x=0 \text{で，たわみ角}=0, \quad \theta = dv/dx = 0 \\ \quad\quad\quad\text{たわみ}=0, \quad v=0 \\ x=l \text{で，たわみ角}=0, \quad \theta = dv/dx = 0 \\ \quad\quad\quad\text{たわみ}=0, \quad v=0 \end{array}\right\} \tag{3}$$

図7.3

式(2)を微分して

$$\theta = \frac{dv}{dx} = -A \alpha \sin \alpha x + B \alpha \cos \alpha x + C \tag{4}$$

式(2)，(4)を式(3)に代入して

$$\left.\begin{array}{l} \quad\quad B\alpha \quad\quad\quad\quad + C \quad\quad = 0 \\ A \quad\quad\quad\quad\quad\quad\quad\quad\quad D = 0 \\ -A\alpha \sin \alpha l + B\alpha \cos \alpha l + C \quad\quad = 0 \\ A \cos \alpha l + B \sin \alpha l + Cl + D = 0 \end{array}\right\} \tag{5}$$

式(5)は連立方程式であるが，行列形式で表すと

$$\begin{bmatrix} 0 & \alpha & 1 & 0 \\ 1 & 0 & 0 & 1 \\ -\alpha \sin \alpha l & \alpha \cos \alpha l & 1 & 0 \\ \cos \alpha l & \sin \alpha l & l & 1 \end{bmatrix} \begin{Bmatrix} A \\ B \\ C \\ D \end{Bmatrix} = \begin{Bmatrix} 0 \\ 0 \\ 0 \\ 0 \end{Bmatrix} \tag{6}$$

連立方程式が解をもつ条件は，式(6)の係数行列の値(Det)が0となることである．

$$A = \begin{vmatrix} 0 & \alpha & 1 & 0 \\ 1 & 0 & 0 & 1 \\ -\alpha \sin \alpha l & \alpha \cos \alpha l & 1 & 0 \\ \cos \alpha l & \sin \alpha l & l & 1 \end{vmatrix} = 0$$

$$A = -\alpha \begin{vmatrix} 1 & 0 & 1 \\ -\alpha \sin \alpha l & 1 & 0 \\ \cos \alpha l & l & 1 \end{vmatrix} + \begin{vmatrix} 1 & 0 & 1 \\ -\alpha \sin \alpha l & \alpha \cos \alpha l & 0 \\ \cos \alpha l & \sin \alpha l & 1 \end{vmatrix}$$

$$= -\alpha(1 - \alpha l \sin \alpha l - \cos \alpha l) + \alpha(\cos \alpha l - \sin^2 \alpha l - \cos^2 \alpha l)$$

$$= \alpha(-2 + \alpha l \sin \alpha l + 2\cos \alpha l)$$

$$= 4\alpha \sin \frac{\alpha l}{2} \left(\frac{\alpha l}{2} \cos \frac{\alpha l}{2} - \sin \frac{\alpha l}{2} \right) = 0$$

$$\therefore \quad \sin \left(\frac{\alpha l}{2} \right) = 0 \tag{7}$$

または

$$\frac{\alpha l}{2} = \tan \left(\frac{\alpha l}{2} \right) \tag{8}$$

式(7)が成立するのは，$\alpha l/2 = \pi, 2\pi, 3\pi, \cdots\cdots = m\pi$ （$m = 1, 2, 3, \cdots\cdots$）
式(8)が成立するのは，$\alpha l/2 = 4.493, 7.725, \cdots\cdots$

　　　最小値は　$\alpha l = 2\pi$

式(1)のPに代入して

$$P = EI\alpha^2 = EI \left(\frac{2\pi}{l} \right)^2 = 4 \frac{\pi^2 EI}{l^2} \tag{9}$$

[考察] 基本問題1,2より,柱の座屈荷重は一般に次の形で表される.

$$P = k\frac{\pi^2 EI}{l^2}$$

両端ヒンジの場合には $k=1$, 両端固定の場合には $k=4$ となり, 後者の座屈荷重は前者の4倍となる.

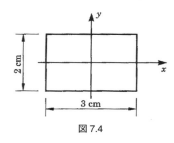

図7.4

基本問題3 両端ヒンジで支持された長さ3mの鋼柱がある.断面が図7.4のようであるとき,座屈荷重 P_E と座屈応力度 σ_E を求めよ.また鋼材の座屈応力度が $\sigma = 140\,\text{N/mm}^2$ 以上となるためには,柱の長さの最大値はいくらか.ただし,鋼材のヤング係数は $E = 2.0 \times 10^5\,\text{N/mm}^2$ とする.

[**解答**] x軸,y軸まわりの断面2次モーメント I_x, I_y は

$$I_x = \frac{3 \times 2^3}{12} = 2.0\,\text{cm}^4 = 2.0 \times 10^4\,\text{mm}^4$$

$$I_y = \frac{2 \times 3^3}{12} = 4.5\,\text{cm}^4 = 4.5 \times 10^4\,\text{mm}^4$$

$I_y > I_x$ なので弱軸(x軸)まわりで座屈が生じる.

$$P_E = \frac{\pi^2 EI}{l^2} = \frac{\pi^2 \times 2.0 \times 10^5 \times 2.0 \times 10^4}{3\,000^2} = 4\,386\,\text{N}\ (447.1\,\text{kgf})$$

$$\sigma_E = \frac{P_E}{A} = \frac{4\,386}{20 \times 30} = 7.31\,\text{N/mm}^2\ (74.6\,\text{kgf/cm}^2)$$

また, $\sigma = \pi^2 EI/(l^2 A)$ より

$$l = \pi\sqrt{\frac{EI}{\sigma \cdot A}} = \pi\sqrt{\frac{2.0 \times 10^5 \times 2.0 \times 10^4}{140 \times 6 \times 10^2}} = 685.6\,\text{mm} = 68.6\,\text{cm}$$

したがって,柱が68.6 cmより短ければ座屈応力度は140 N/mm² 以上である.

[考察] 座屈は断面形状によりあらゆる方向に生じうるが,矩形断面では2つの対称軸(x, y 軸)のうち断面2次モーメントの小さい軸(弱軸)まわりで,初めに座屈が生じる.

8. 不静定構造物の基礎

公式

§1 不静定次数

① 梁，ラーメンなどの構造物では
$$n = r + l - 3m \tag{8-1}$$
ここで，r：各支点の反力の総数，l：各部材結合部（支点を除く）のリンクの総数，m：部材数，n：不静定次数．

② トラスでは
$$n = l + r - 2j \tag{8-2}$$
ここで，r：トラスの支点反力の総数，j：トラスの節点の総数，l：部材数．

③ 上述①，②それぞれに
$$n_e = r - 3 \quad (n_e：外的不静定次数) \tag{8-3}$$
$$n_i = n - n_e \quad (n_i：内的不静定次数) \tag{8-4}$$

④ 不静定次数 n の判定（n_e，n_i も同様）

$n = 0$ 静定，$n > 0$ 不静定，
$n < 0$ 不安定

§2 静定基本系による解法

① 不静定力を未知外力とし，静定構造物に未知外力が作用していると考える［図 8.1 a)の例を参照］．

② 支点の拘束条件に合せてたわみやたわみ角を考慮して未知外力を求める［図 8.1 b)の例を参照］．

§3 微分方程式による解法

等分布荷重 q_x が作用している場合
$$EI \frac{d^4 y}{dx^4} = q_x \tag{8-5}$$

a) B 点の反力を単純梁 AC に作用する未知外力と考える．

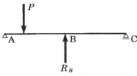

b) 単純梁 AC で B 点のたわみを 0 とするような R_B を求めればよい．

図 8.1

集中荷重が作用している場合

$$EI\frac{d^4y}{dx^4}=0 \tag{8-6}$$

上式を用いて積分し，境界条件や連続条件を考慮し，各々の積分定数を求めせん断力，曲げモーメント，たわみ角，たわみなどが求められる．
また

$$EI\frac{d^3y}{dx^3}=-Q_x \tag{8-7}$$

$$EI\frac{d^2y}{dx^2}=-M_x \tag{8-8}$$

に代入して積分してもよい．境界条件と連続条件は
① 単純支持端：$y=y''=0$
② 固　定　端：$y=y'=0$
③ 自　由　端：$y''=y'''=0$

しかし集中荷重 P が作用しているときは（自由端が構造物の右側にある場合）

$$y''=0, \qquad y'''=-\frac{P}{EI}$$

となる．ただし，自由端が左側では

$$y''=0, \qquad y'''=\frac{P}{EI}$$

④ 集中荷重 P の作用点（l, r は作用点のそれぞれ左側，右側を表す）

$$y_l=y_r, \quad y_l'=y_r', \quad y_l''=y_r'', \quad y_l'''-y_r'''=-\frac{P}{EI}$$

§1　不静定次数

基本問題 1　図 8.2 の梁の不静定次数を求めよ．

[解答]　梁の不静定次数の公式（8-1）から
1) 図 8.2 a) では $r=4$, $l=2$, $m=2$ から $n=r+l-3m=4+2-3\times2=0$
　静定

2) 図 8.2 b) では $r=6$, $l=2$, $m=2$ から，$n=r+l-3m=6+2-3\times 2=2$ で 2 次不静定．公式 (8-3)，(8-4) から

$n_e=r-3=6-3=3$
外的 3 次不静定
$n_i=n-n_e=2-3=-1$
内的 1 次不安定

3) 図 8.2 c) では $r=7$, $l=12$, $m=5$ もしくは $r=7$, $l=9$, $m=4$ となる．$m=5$ の方をとると，$n=r+l-3m=7+12-3\times 5=4$ で 4 次不静定．前と同様に

$n_e=r-3=7-3=4$
外的 4 次不静定
$n_i=n-n_e=4-4=0$
内的静定

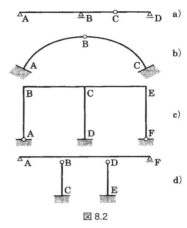

図 8.2

4) 図 8.2 d) では $r=9$, $l=4$, $m=3$ から，$n=r+l-3m=9+4-3\times 3=4$ で 4 次不静定．前と同様に

$n_e=r-3=9-3=6$ 　 外的 6 次不静定
$n_i=n-n_e=4-6=-2$ 　 内的 2 次不安定

基本問題 2 図 8.3 の各々のトラスについて静定，不静定を論じなさい．

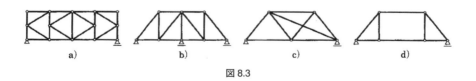

図 8.3

[**解答**] それぞれのトラスについて公式 (8-2)〜(8-4) を用いて計算する．まとめると表 8.1 のようになる．

表 8.1

図	r	l	j	$n=l+r-2j$	$n_e=r-3$	$n_i=n-n_e$	判定
a)	3	25	14	0	0	0	静定
b)	4	13	8	1	1	0	外的1次不静定
c)	3	8	5	1	0	1	内的1次不静定
d)	3	8	6	-1	0	-1	内的不安定

§2 静定基本系による解法

[基本問題3] 図 8.4 のような不静定梁の B 点の反力 R_B を求めなさい．ただし，静定基本系として片持ち梁を選び，B 点の反力 R_B を不静定力としなさい．

[解答] 題意から図 8.5 のように反力 R_B を未知外力とする片持ち梁を静定基本系にとって自由端 B 点のたわみを 0 とする R_B を求める．

最初に図 8.6 a) に示す静定基本系の片持ち梁の自由端 B 点のたわみを弾性荷重法で求める．B 点から x をとると

$$0 \leqq x \leqq l, \quad M_x = -\frac{qx^2}{2}$$

図示すると図 8.6 の b) になる．次に弾性荷重法から共役梁を図 8.6 c) のように考える．弾性荷重の面積 P は2次曲線であるので面積公式から

$$P = \frac{ql^2}{2EI} l \frac{1}{3} = \frac{ql^3}{6EI}$$

C 点から図心までの距離 $d=(3/4)l$ である．したがって静定基本系の片持ち梁の自由端 B 点のたわみ y_B' は，共役梁の D 点の曲げモーメントに相当し

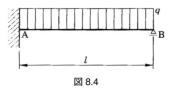

図 8.4

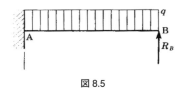

図 8.5

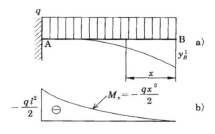

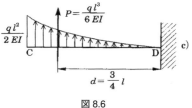

図 8.6

$$y_B^1 = M_D = \frac{ql^3}{6EI}\frac{3}{4}l = \frac{ql^4}{8EI}$$

次に図 8.7 a)のような片持ち梁の自由端 B 点に R_B が作用する場合を考える．

$$0 \leqq x \leqq l, \quad M_x = R_B x$$

曲げモーメントを図示すると図 8.7 b)になる．図 8.7 c)のように弾性荷重を共役梁に作用させて

$$P = \frac{R_B l^2}{2EI}$$

でF点から図心までの距離 $d=(2/3)l$ により

$$y_B^2 = M_F = -\frac{R_B l^2}{2EI}\frac{2}{3}l$$

$$= -\frac{R_B l^3}{3EI}$$

したがって題意から

$$y_B^1 + y_B^2 = \frac{ql^4}{8EI} - \frac{R_B l^3}{3EI} = 0$$

$$\therefore R_B = \frac{3ql}{8}$$

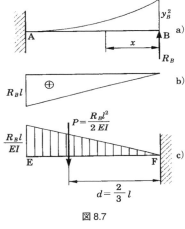

図 8.7

基本問題 4   図 8.8 の不静定梁の曲げモーメント図，せん断力図を書きなさい．ただし，静定基本系として単純梁 AB をとり A 点の曲げモーメント M_A を不静定力として解きなさい．

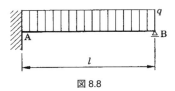

図 8.8

[解答]   この問題では静定基本系として図 8.9 のように A 点の曲げモーメント M_A を未知外力とする単純梁 AB を考え，A 点のたわみ角が 0 となるように M_A を求めていく．

第 4 章から

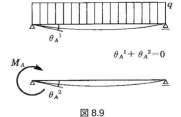

図 8.9

$$\theta_A^1 = \frac{ql^3}{24EI} \quad , \quad \theta_A^2 = \frac{M_A l}{3EI}$$

ここで図 8.9 の M_A の方向は曲げモーメントの定義の＋の方向に合せてとってあることに注意されたい.

$$\theta_A = \theta_A^1 + \theta_A^2 = \frac{ql^3}{24EI} + \frac{M_A l}{3EI} = 0$$

から

$$\therefore \quad M_A = -\frac{ql^2}{8}$$

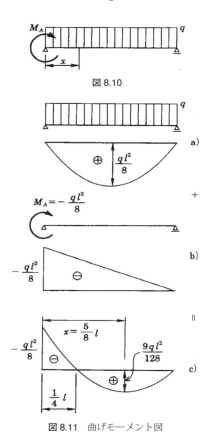

図 8.11 曲げモーメント図

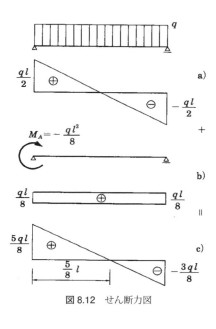

図 8.12 せん断力図

したがって不静定梁は，図 8.10 に示す静定梁に置き換えることができる．この曲げモーメント図，せん断力図を書けばよい．

重ね合せの原理から曲げモーメントは，第 1 項は図 8.11 a)，第 2 項は図 8.11 b) で表すとすると

$$M_x = \frac{q}{2}(lx - x^2) + M_A\left(1 - \frac{x}{l}\right)$$

$$= -\frac{qx^2}{2} + \frac{5ql\,x}{8} - \frac{ql^2}{8} \quad (1)$$

せん断力 S_x は，公式(8-7)，(8-8)から微分すればよい．

$$S_x = \frac{dM_x}{dx} = -qx + \frac{5ql}{8}$$

から，曲げモーメントの最大値は，数学的にせん断力＝0 の点であるので

$$\frac{dM_x}{dx} = S_x = 0$$

から，$x = 5l/8$ で生じることがわかる．この x を式(1)に代入すると

$$M_{\max} = [M_x]_{x=5l/8} = \frac{9ql^2}{128}$$

となり，曲げモーメント図は図 8.11 の c)のように書ける．同様にせん断力図も図 8.12 の c)となる．

[考察] また図 8.11 の a)と b)の曲げモーメント図を重ね合せても c)が得られる．せん断力図も同じく図 8.12 の a)と b)を重ね合せて c)が得られる．せん断力図で 0 の点は曲げモーメントが最大の点と一致する．

【応用問題 1】 図 8.13 の連続梁の B 点の反力 R_B を求め，曲げモーメント図およびせん断力図を書きなさい．

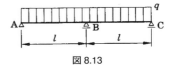

図 8.13

【応用問題 2】 図 8.14 の不静定梁の B 点の反力 R_B を求めなさい．ただしバネ定数は K (N/mm) とする．

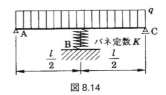

図 8.14

§3 微分方程式による解法

基本問題5 図8.15の不静定梁のB点の反力を微分方程式を用いて求めなさい．

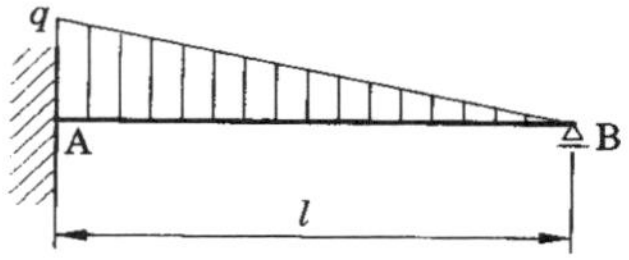

[解答] 図8.16のようにA点からxをとると

$$q_x = \frac{q}{l}(l-x)$$

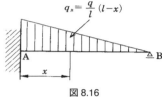

図8.15

図8.16

したがって公式（8-5）から

$$EI\frac{d^4y}{dx^4} = q_x = \frac{q}{l}(l-x)$$

$$EI\frac{d^3y}{dx^3} = \frac{q}{l}\left(lx - \frac{x^2}{2}\right) + C_1$$

$$EI\frac{d^2y}{dx^2} = \frac{q}{l}\left(\frac{lx^2}{2} - \frac{x^3}{6}\right) + C_1 x + C_2$$

$$EI\frac{dy}{dx} = \frac{q}{l}\left(\frac{lx^3}{6} - \frac{x^4}{24}\right) + \frac{C_1 x^2}{2} + C_2 x + C_3$$

$$EIy = \frac{q}{l}\left(\frac{lx^4}{24} - \frac{x^5}{120}\right) + \frac{C_1 x^3}{6} + \frac{C_2 x^2}{2} + C_3 x + C_4$$

ここで境界条件を考慮する．

$x=0$ すなわちA点は固定端なので，$y=0$ から $C_4=0$，$y'=0$ から $C_3=0$．

$x=l$ すなわちB点はローラー支承であり，曲げモーメントが0なので，$y=y''=0$．

この条件から連立方程式で積分定数 C_1, C_2 を求める．

$$C_1 = -\frac{4ql}{10}, \qquad C_2 = \frac{ql^2}{15}$$

したがって反力 R_B はB点のせん断力であるから

$$R_B = S_{x=l} = \frac{q}{l}\left(l^2 - \frac{l^2}{2}\right) - \frac{4ql}{10} = \frac{ql}{10}$$

[参考] M_x を求め公式（8-8）に代入しても同様に求められる．

【応用問題3】 図8.17の不静定梁を微分方程式で解き，曲げモーメント図およびせん断力図を書きなさい．

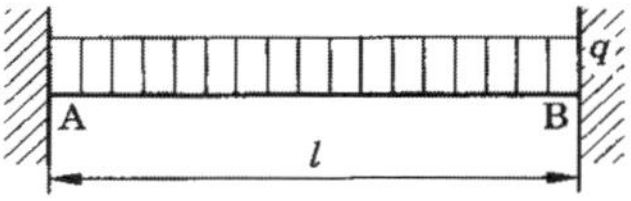

【応用問題ヒント】
  問題1 本章の公式集の例を参照しなさい．
  問題2 図8.18を参照.

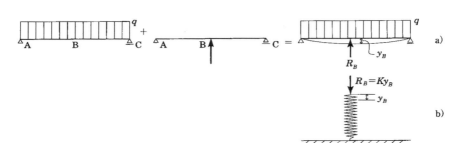

図8.17

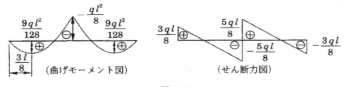

図8.18

  問題3 $EIy'''' = q$

【応用問題解答】

  問題1 $R_B = \dfrac{5}{4}ql$. 曲げモーメント図，せん断力図を図8.19に示す．

  問題2 $R_B = \dfrac{5ql^4 K}{8Kl^3 + 384EI}$

図8.19

問題3　曲げモーメント図, せん断力図を図 8.20 に示す.

図 8.20

9. エネルギー法

公式

§1 ひずみエネルギー

(1) 外力仕事

弾性体に作用する力が $0 \sim P$ まで増加し，その点でその力の方向に変位が $0 \sim \delta$ だけ増えたとすると

$$W_o = \frac{1}{2} P \cdot \delta \tag{9-1}$$

同様に，モーメントが $0 \sim M$ まで増加し，それによる回転角が $0 \sim \theta$ まで増えたとすると

$$W_o = \frac{1}{2} M \theta \tag{9-2}$$

(2) 内力仕事（ひずみエネルギー）

軸力 N_x を受ける棒のひずみエネルギーは

$$W_i = \frac{1}{2} \int_0^l \frac{N_x^2}{EA} dx \tag{9-3}$$

ただし断面積一定で直線部材であるなら

$$W_i = \frac{1}{2} \frac{N^2 l}{EA} \tag{9-4}$$

トラスのひずみエネルギーは

$$W_i = \sum \frac{N^2}{2EA} s \tag{9-5}$$

ここに，N：トラスの各部材力，s：各部材長．

軸力 N_x，曲げモーメント M_x，せん断力 S_x が断面力として作用している棒のひずみエネルギーは

$$W_i = \int_0^l \frac{N_x^2}{2EA} dx + \int_0^l \frac{M_x^2}{2EI} dx + \int_0^l k \frac{S_x^2}{2GA} dx \tag{9-6}$$

(3) 外力仕事と内力仕事

外力仕事と内力仕事は等しい．

$$W_o = W_i \tag{9-7}$$

§2 仮想仕事の原理

トラスでは

$$\overline{P} \cdot \delta_m = \sum \frac{N\overline{N}}{EA} s + \sum \overline{N} \alpha t s - \sum \overline{R} r \tag{9-8}$$

ここに，$\overline{P}$：仮想荷重，$\overline{N}$，$\overline{R}$：仮想荷重による軸力，反力，N：実際の荷重による軸力，r：実際の支点変位，α：線膨張係数，t：温度変化，s：トラスの各部材長．

棒構造物では

$$\overline{P} \cdot \delta_m = \int \frac{N\overline{N}}{EA} dx + \int \frac{M\overline{M}}{EI} dx + \int k \frac{S\overline{S}}{GA} dx$$

$$+ \int \overline{N} \alpha t_g dx + \int \overline{M} \alpha \frac{\Delta t}{h} dx - \sum \overline{R} r \tag{9-9}$$

ここに，$\overline{P}$：仮想荷重，$\overline{M}$，$\overline{S}$：仮想荷重による曲げモーメント，せん断力，M，S：実際の荷重による曲げモーメント，せん断力，t_g：断面の図心における温度変化，Δt：断面下縁と上縁との温度差，h：断面の高さ．

変位 δ_m を求めるとき，その m 点に単位仮想力 $\overline{P} = 1$ を与えて仮想力のみの断面力を計算し，実際の荷重による断面力とともに公式 (9-8)，(9-9) で計算すればよい．一般的な梁の問題（温度変化・支点変位・軸力がない）では，公式 (9-9) の右辺第2項と第3項のみになるが，第3項のせん断力についてはその影響は微小で無視することが多く，第2項のみで計算する．

§3 最小仕事の原理

(1) カスティリアノ (Castigliano) の第2定理

ひずみエネルギー W_i を外力 P_m で偏微分すれば，P_m の作用する方向の変位 δ_m を求めることができる．

$$\delta_m = \frac{\partial W_i}{\partial P_m} \tag{9-10}$$

トラスでは，温度変化や支点変位の項も加えると

$$\delta_m = \sum \frac{N}{EA}\left(\frac{\partial N}{\partial P_m}\right)s + \sum \left(\frac{\partial N}{\partial P_m}\right)s\, \alpha t - \sum \left(\frac{\partial R}{\partial P_m}\right)r \qquad (9\text{-}11)$$

棒構造では

$$\delta_m = \int \frac{N}{EA}\left(\frac{\partial N}{\partial P_m}\right)dx + \int \frac{M}{EI}\left(\frac{\partial M}{\partial P_m}\right)dx + \int k\frac{S}{GA}\left(\frac{\partial S}{\partial P_m}\right)dx$$

$$+ \int \left(\frac{\partial N}{\partial P_m}\right)\alpha t_g\, dx + \int \left(\frac{\partial M}{\partial P_m}\right)\alpha \frac{\Delta t}{h} dx - \sum \left(\frac{\partial R}{\partial P_m}\right)r \qquad (9\text{-}12)$$

§2と同様に一般的な梁の問題では，公式(9-12)の右辺第2項のみで計算する．

（2） カスティリアノの最小仕事の原理

構造部材の部材力や反力は，外力によって蓄えられるひずみエネルギーを最小とする力である．

$$\frac{\partial W_i}{\partial X} = 0 \qquad (9\text{-}13)$$

§4 弾性方程式

（1） 断面力（n 次不静定の場合）

トラスでは

$$N = N_0 + \sum_{i=1}^{n} N_i X_i \qquad (9\text{-}14)$$

梁構造では

$$N = N_0 + \sum_{i=1}^{n} N_i X_i, \quad M = M_0 + \sum_{i=1}^{n} M_i X_i, \quad S = S_0 + \sum_{i=1}^{n} S_i X_i \qquad (9\text{-}15)$$

反力は

$$R = R_0 + \sum_{i=1}^{n} R_i X_i \qquad \left.\begin{array}{l} \sum H = 0 \\ \sum V = 0 \\ \sum M = 0 \end{array}\right\} \qquad (9\text{-}16)$$

ここに，N, M, S, R：実際の荷重による構造物の軸力，曲げモーメント，せん断力，反力，N_0, M_0, S_0, R_0：実際の荷重による静定基本系の軸力，曲げモーメント，せん断力，反力，X_i：i 番目の不静定力，N_i, M_i, S_i, R_i：$X_i=1$ の不静定力による静定基本系の軸力，曲げモーメント，せん断力，

反力.

(2) **弾性方程式**（n 次不静定の場合）

$$\left.\begin{array}{l}\delta_{11}X_1+\delta_{12}X_2+\cdots\cdots+\delta_{1n}X_n=K_1\\ \delta_{21}X_1+\delta_{22}X_2+\cdots\cdots+\delta_{2n}X_n=K_2\\ \vdots\qquad\vdots\qquad\qquad\vdots\\ \delta_{n1}X_1+\delta_{n2}X_2+\cdots\cdots+\delta_{nn}X_n=K_n\end{array}\right\}\text{弾性方程式} \quad (9\text{-}17)$$

ただし $K_i=\delta_{ir}-(\delta_{i0}+\delta_{it})\quad(i=1\sim n)$

トラスでは

$$\left.\begin{array}{ll}\delta_{ik}=\delta_{ki}=\sum\dfrac{N_iN_k}{EA}s, & \delta_{i0}=\sum\dfrac{N_iN_0}{EA}s\\ \delta_{ir}=\sum(R_ir), & \delta_{it}=\sum N_i\alpha ts\end{array}\right\} \quad (9\text{-}18)$$

梁構造では

$$\left.\begin{array}{l}\delta_{ik}=\delta_{ki}=\int\dfrac{N_iN_k}{EA}dx+\int\dfrac{M_iM_k}{EI}dx+\int k\dfrac{S_iS_k}{GA}dx\\ \delta_{i0}=\int\dfrac{N_iN_0}{EA}dx+\int\dfrac{M_iM_0}{EI}dx+\int k\dfrac{S_iS_0}{GA}dx\\ \delta_{ir}=\sum(R_ir),\quad \delta_{it}=\int N_i\alpha t_g dx+\int M_i\alpha\dfrac{\Delta t}{h}dx\end{array}\right\} \quad (9\text{-}19)$$

一般的に梁構造では，第1項 軸力と第3項せん断力の項，温度による影響の δ_{it} も無視することが多い．

§1 ひずみエネルギー

基本問題1 図9.1のようなトラスのひずみエネルギーを求めよ．ただし $EA=5\times10^8$ N とし全部材一定である．

[解答] 公式（9-5）から

$$W=\sum\dfrac{N^2}{2EA}s$$

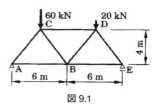

図9.1

で表されるので各部材力を求めて表 9.1 に整理する（部材力の計算は第 5 章を参照）．

∴ $\sum N^2 s = 45\,000.2$

EA は全部材一定なので

∴ $W = \dfrac{1}{2} \sum \dfrac{N^2}{EA} s = \dfrac{45\,000.2 \times 10^8}{2 \times 5 \times 10^8}$

　　$= 4\,500.02\,\text{N·cm}$

表 9.1

部材	N(部材力)	s(部材長)	$N^2 s\,[(\text{kN})^2\text{·m}]$
AB	75/2	6	8437.5
AC	−125/2	5	19531.3
CB	−25/2	5	781.3
CD	−30	6	5400.0
BD	25/2	5	781.3
BE	45/2	6	3037.5
DE	−75/2	5	7031.3

ここで，$\times 10^8$ となっているのは単位を $(\text{kN})^2\text{·m}$ から $\text{N}^2\text{·cm}$ にしたためである．

基本問題 2　図 9.2 のような単純梁の C 点のたわみを，外力仕事と内力仕事が等しいことから求めなさい．ただし，内力仕事ではせん断力の影響は無視すること．

[解答]　図 9.3 から

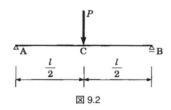

図 9.2

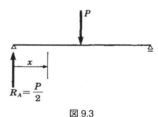

図 9.3

$$M_x = \dfrac{P}{2} x \quad (0 \leqq x \leqq l/2)$$

曲げモーメントによる内力仕事 W_m は公式 (9-6) から

$$W_m = \int \dfrac{M_x^2}{2EI} dx = \dfrac{2}{2EI} \int_0^{l/2} \left(\dfrac{P}{2} x\right)^2 dx$$

$$= \dfrac{P^2 l^3}{96 EI}$$

また公式 (9-1) から，外力仕事は $W_o = P\delta/2$ となる．公式 (9-7) から $W_o = W_i$ ($= W_m$) なので

$$\frac{P\delta}{2} = \frac{P^2 l^3}{96EI}$$

$$\therefore \quad \delta = \frac{Pl^3}{48EI}$$

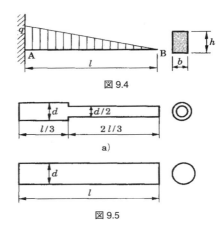

図 9.4

【応用問題1】 図 9.4 のような片持ち梁の蓄えられるひずみエネルギー（内力仕事）を，曲げモーメントによるものとせん断力によるものとに分けて求めよ．また，$l/h=10$ であるときの両者の大きさの比を求めよ．ただし，$k=1.2$ でヤング係数 E とせん断弾性係数 G との比は $E/G=2.6$ とする．

図 9.5

【応用問題2】 図 9.5 a), b) の2つの円形断面の棒に同じように引張荷重 P が作用している．このときの2つの棒のひずみエネルギーの比を求めよ．

【応用問題3】 図 9.6 の単純梁の曲げモーメントによるひずみエネルギーを求めよ．

【応用問題4】 図 9.7 のような両端固定梁の曲げモーメントによるひずみエネルギーを求め，単純梁のときのひずみエネルギーとの比を求めよ．ただし，A点，B点の固定端モーメントは，$-ql^2/12$ とする．

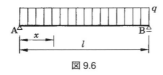

図 9.6

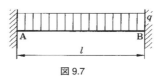

図 9.7

§2 仮想仕事の原理

基本問題3 図 9.8 に示す単純梁の C 点のたわみ y_c を仮想仕事の原理を適用して求めなさい．ただし EI は一定とする．

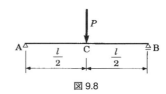

図 9.8

[解答] 図9.9のa)に示すようにA点からxをとり，実際の荷重による曲げモーメントM_xを求める．

$$M_x = \frac{P}{2}x \quad (0 \leq x \leq l/2)$$

曲げモーメント図（M図）はb)となる．またc)のようにたわみを求めたいC点に$\overline{P}=1$を作用させる．その際たわみの定義から，B点に下向きに作用させなければならない．

もしたわみ角を求めたいときは，$\overline{M}=1$をたわみ角の定義から時計方向に作用させなければならないことに注意する．

その仮想荷重$\overline{P}=1$による曲げモーメント$\overline{M}_x$は

$$\overline{M}_x = \frac{x}{2}$$

したがって，$\overline{M}$図はd)になる．
公式(9-9)に代入してδを求めると

$$\delta = \int \frac{M\overline{M}}{EI} dx = \frac{2}{EI} \int_0^{l/2} \left(\frac{Px}{2}\right)\left(\frac{x}{2}\right) dx = \frac{Pl^3}{48EI}$$

数学的にこの積分は，e)に示す$M\overline{M}$図の面積のたわみになることを意味する．ここで，$\int \frac{M\overline{M}}{EI} dx$の計算は，表9.2の積分公式表を使うと便利である．

[考察] 図9.9のb)，d)は表9.2でみると③③′に相当し，③③′の項を参照すると

$$\eta_3 \eta_3' \frac{l}{3} \text{ から } \left(\frac{Pl}{4}\right)\left(\frac{l}{4}\right)\left(\frac{l}{3}\right) = \frac{Pl^3}{48} \cdots \times \left(\frac{1}{EI}\right)$$

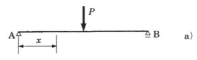
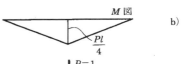

図9.9

表 9.2 積分公式（参考文献より）

① ①	$\eta_1{}^2 l$	② ⑦	$\eta_7(\eta_a+4\eta_b)\dfrac{l}{20}$	⑤ ⑤	$\eta_5{}^2 \dfrac{l}{5}$
① ①′	$\eta_1 \eta_1{}' l$	② ⑧	$\eta_8(7\eta_a+8\eta_b)\dfrac{2l}{45}$	⑤ ⑤′	$\eta_5 \eta_5{}' \dfrac{l}{5}$
① ②	$\eta_1(\eta_a+\eta_b)\dfrac{l}{2}$	③ ③	$\eta_3{}^2 \dfrac{l}{3}$	⑤ ⑥	$\eta_5 \eta_6 \dfrac{l}{5}$
① ③	$\eta_1 \eta_3 \dfrac{l}{2}$	③ ③′	$\eta_3 \eta_3{}' \dfrac{l}{3}$	⑤ ⑦	$\eta_5 \eta_7 \dfrac{l}{6}$
① ④	$\eta_1 \eta_4 \dfrac{l}{2}$	③ ④	$\eta_3 \eta_4 \dfrac{(l+a)}{6}$	⑤ ⑧	$\eta_5 \eta_8 \dfrac{2l}{9}$
① ⑤	$\eta_1 \eta_5 \dfrac{l}{3}$	③ ⑤	$\eta_3 \eta_5 \dfrac{l}{4}$	⑥ ⑥	$\eta_6{}^2 \dfrac{8l}{15}$
① ⑥	$\eta_1 \eta_6 \dfrac{2l}{3}$	③ ⑥	$\eta_3 \eta_6 \dfrac{l}{3}$	⑥ ⑥′	$\eta_6 \eta_6{}' \dfrac{8l}{15}$
① ⑦	$\eta_1 \eta_7 \dfrac{l}{4}$	③ ⑦	$\eta_3 \eta_7 \dfrac{l}{5}$	⑥ ⑦	$\eta_6 \eta_7 \dfrac{2l}{15}$
① ⑧	$\eta_1 \eta_8 \dfrac{2l}{3}$	③ ⑧	$\eta_3 \eta_8 \dfrac{16l}{45}$	⑥ ⑧	$\eta_6 \eta_8 \dfrac{8l}{15}$
② ②	$(\eta_a{}^2+\eta_a\eta_b+\eta_b{}^2)\dfrac{l}{3}$	④ ④	$\eta_4{}^2 \dfrac{l}{3}$	⑦ ⑦	$\eta_7{}^2 \dfrac{l}{7}$
② ②′	$[\eta_a(2\eta_a{}'+\eta_b{}') \\ +\eta_b(2\eta_b{}'+\eta_a{}')]\dfrac{l}{6}$	④ ④′	$\eta_4 \eta_4{}' \dfrac{l}{3}$	⑦ ⑦′	$\eta_7 \eta_7{}' \dfrac{l}{7}$
② ③	$\eta_3(\eta_a+2\eta_b)\dfrac{l}{6}$	④ ⑤	$\eta_4 \eta_5 \dfrac{(l^2+al+a^2)}{12\,l}$	⑦ ⑧	$\eta_7 \eta_8 \dfrac{16l}{105}$
② ④	$\dfrac{\eta_4}{6}[\eta_a b+\eta_b a+l(\eta_a+\eta_b)]$	④ ⑥	$\eta_4 \eta_6 \dfrac{(l^2+ab)}{3\,l}$	⑧ ⑧	$\eta_8{}^2 \dfrac{512\,l}{945}$
② ⑤	$\eta_5(\eta_a+3\eta_b)\dfrac{l}{12}$	④ ⑦	$\eta_4 \eta_7 \dfrac{(l+a)(l^2+a^2)}{20\,l^2}$	⑧ ⑧′	$\eta_8 \eta_8{}' \dfrac{512\,l}{945}$
② ⑥	$\eta_6(\eta_a+\eta_b)\dfrac{l}{3}$	④ ⑧	$\eta_4 \eta_8 \dfrac{2(7\,l^2-3a^2)(l+a)}{45\,l^2}$	(＊)	$\dfrac{\eta_0 \eta_3 l(l^2-a^2-b^2)}{6(l-a)(l-b)}$

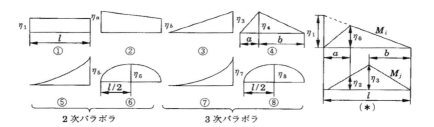

2次パラボラ　　3次パラボラ

これから後 $\int M_i M_j$ の積分パターンが種々出てくるので表9.2を使うとよい.

基本問題4 図9.10の片持ち梁のB点のたわみを，仮想仕事の原理を使って求めよ．

[**解答**] 図9.11 a) のようにB点から x をとると

$0 \leqq x \leqq l$,

$$M_x = -\frac{q}{l} x \cdot x \cdot \frac{1}{2} \cdot \frac{1}{3} x$$

$$= -\frac{qx^3}{6l}$$

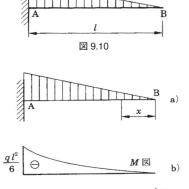

図9.10

したがって，曲げモーメント図 (M図) を書くとb)になる．またc)のようにたわみを求めたいB点に $\overline{P}=1$ を作用させる．

$0 \leqq x \leqq l$, $\overline{M}_x = -x$

したがって，$\overline{M}$ 図はd)になる．仮想仕事の原理の公式 (9-9) に代入して

$$\delta = \int \frac{M\overline{M}}{EI} dx$$

$$= \frac{1}{EI} \int_0^l \left(-\frac{qx^3}{6l}\right)(-x)dx = \frac{q}{6lEI} \int_0^l x^4 dx = \frac{q}{6lEI} \left[\frac{x^5}{5}\right]_0^l = \frac{ql^4}{30EI}$$

図9.11

ここで $\int \frac{M\overline{M}}{EI} dx$ の計算は，表9.2の積分公式表を使うと⑦に相当し，d)は③に相当するので，③⑦の項を参照して

$\eta_3 \eta_7 \dfrac{l}{5}$ から $\left(-\dfrac{ql^2}{6}\right)(-l) \times \dfrac{l}{5} = \dfrac{ql^4}{30} \cdots \cdots \times \left(\dfrac{1}{EI}\right)$

基本問題5 図9.12に示すような変断面片持ち梁の自由端C点に集中荷重 P が作用しているとき，その自由端C点のたわみを仮想仕事の原理を適用して計算せよ．ただし，AB間の曲げ剛性を $2EI$，BC間の曲げ剛性を EI とする．

[解答] まず，実荷重による曲げモーメント M を求める．図9.13 a)のように x をとると，

$$M_x = -Px \quad (0 \leq x \leq l)$$

曲げモーメント図は b) となる．

その曲げモーメントをそれぞれの部材の曲げ剛性で除すと c) となる．

また，d)のように C 点のたわみを求めたいので，C 点に $\overline{P}=1$ を作用させる．その時の曲げモーメント $\overline{M}$ を求めると，

$$\overline{M}_x = -x \quad (0 \leq x \leq l)$$

となり，曲げモーメント図は同図 e)，$M\overline{M}/EI$ 図は同図 f) となる（ここで，AB 間の曲げ剛性が $2EI$ なので，AB 間は 1/2 となることに注意されたい）．

仮想仕事の公式(9-9)に代入すると（ただし，断面が変化しているので，その部分は分割して積分を行う必要がある），

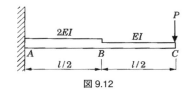

図9.12

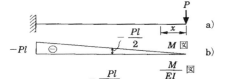

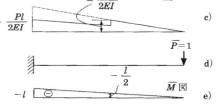

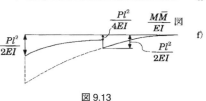

図9.13

$$1 \cdot \delta_c = \int \frac{M\overline{M}}{EI} dx$$

$$= \frac{1}{EI}\int_0^{l/2}(-Px)(-x)dx + \frac{1}{2EI}\int_{l/2}^{l}(-Px)(-x)dx$$

$$= \frac{P}{EI}\left[\frac{x^3}{3}\right]_0^{l/2} + \frac{P}{2EI}\left[\frac{x^3}{3}\right]_{l/2}^{l} = \frac{9Pl^3}{48EI}$$

[考察] 積分を表9.2の積分公式表を使って求めるには，以下の2点の工夫が必要である．

① AB，BC 間のスパンがそれぞれ $l/2$ なので，公式表の l を $l/2$ に置き替える．

② AB 間については，$2EI$ なので，算出された積分結果の $(1/2)EI$ とする．

表9.2から,AB間では②②′で $\eta_a=-Pl$, $\eta'_a=-l$, $\eta_b=-Pl/2$, $\eta'_b=-l/2$

$$[\eta_a(2\eta'_a+\eta'_b)+\eta_b(2\eta'_b+\eta'_a)]\frac{l}{12}\times\frac{1}{2EI}=\frac{7Pl^3}{48EI}$$

BC間では③③′で $\eta_3=-Pl/2$, $\eta'_3=-l/2$

$$\eta_3\eta'_3\frac{l}{6}\times\frac{1}{EI}=\frac{Pl^3}{24EI}$$

したがって,

$$\frac{7Pl^3}{48EI}+\frac{Pl^3}{24EI}=\frac{9Pl^3}{48EI}$$

基本問題6 図9.14に示すトラスのB点のたわみを仮想仕事の原理を適用して計算せよ.ただし,$EA=5\times10^8$ Nとして全部材一定とする.

[解答] 公式(9-8)を用いればよい.
まず,実際の荷重によるトラスの各部材力 N (kN) を求める.次に図9.15に示すように,たわみを求めたい点に $\bar{P}=1$ のみを載荷して,各部材力 $\bar{N}$ を求める(表9.3参照).

支点変位や温度変化がないので,

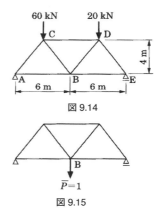

図9.14

図9.15

表9.3

部材	N	$\bar{N}$	S	$N\bar{N}S$
AB	$\frac{75}{2}$	$\frac{3}{8}$	6	84.375
AC	$-\frac{125}{2}$	$-\frac{5}{8}$	5	195.313
CB	$-\frac{25}{2}$	$\frac{5}{8}$	5	-39.063
CD	-30	$-\frac{3}{4}$	6	135.000
BD	$\frac{25}{2}$	$\frac{5}{8}$	5	39.063
BE	$\frac{45}{2}$	$\frac{3}{8}$	6	50.625
DE	$-\frac{75}{2}$	$-\frac{5}{8}$	5	117.188

$\Sigma N\bar{N}S=582.501$

$$\delta = \sum \frac{N\overline{N}}{EA} S = \frac{582.501 \times 10^5}{5.0 \times 10^8} = 0.117 \text{ cm}$$

基本問題7 図9.16のような3ヒンジアーチの支点Bが，水平外向きにαだけ変位した．点Cの垂直変位δ_Vと水平変位δ_Hを，仮想仕事の原理を使って求めよ．ただし，αは微小なものとする．

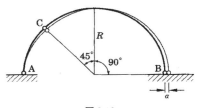

図9.16

[**解答**] まず垂直変位δ_Vを求める．図9.17のようにC点に$\overline{P}=1$を作用させる．鉛直方向の釣合いをとると

$$\overline{V}_A + \overline{V}_B - 1 = 0 \quad (1)$$

水平方向の釣合いをとると

$$\overline{H}_A - \overline{H}_B = 0 \quad (2)$$

A点中心にモーメントの釣合いをとると

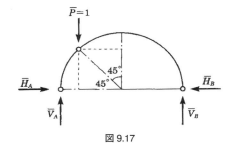

図9.17

$$-(R - R\sin 45°) \times 1 + 2R\overline{V}_B = 0 \quad (3)$$

$$\therefore \overline{V}_B = \left(1 - \frac{1}{\sqrt{2}}\right)\frac{1}{2} = \frac{2-\sqrt{2}}{4}$$

次にCから右側のアーチ部分でC点中心にモーメントの釣合いをとると

$$(R + R\sin 45°)\overline{V}_B - R\cos 45° \overline{H}_B = 0 \quad (4)$$

式(4)に$\overline{V}_B$を代入して$\overline{H}_B$を求めると

$$\therefore \overline{H}_B = \left(\frac{\sqrt{2}+1}{\sqrt{2}}\right)\left(\frac{2-\sqrt{2}}{4}\right)\left(\frac{\sqrt{2}}{1}\right) = \frac{\sqrt{2}}{4}$$

また式(1)から

$$\therefore \overline{V}_A = 1 - \overline{V}_B = \frac{2+\sqrt{2}}{4}$$

また式（2）から

$$\therefore \overline{H}_A = \overline{H}_B = \frac{\sqrt{2}}{4}$$

ここで仮想仕事の公式(9-9)から

$$1 \cdot \delta_m = \int \frac{N\overline{N}}{EA}dx + \int \frac{M\overline{M}}{EI}dx + \int k\frac{S\overline{S}}{GA}dx + \int \overline{N}\alpha t_g dx + \int \overline{M}\alpha\frac{\Delta t}{h}dx - \sum \overline{R}r$$

で右辺の第1項〜第5項は荷重がないので0となり $1 \cdot \delta_m = -\sum \overline{R}r$ となる．

$\overline{R} = -\overline{H}_B$, $r = \alpha$ を代入すると（$\overline{H}_B$ に－が付いているのは α と逆向きのため）

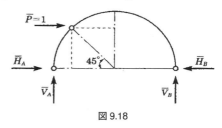

図9.18

$$1 \cdot \delta_V = -\left(-\frac{\sqrt{2}}{4}\right)a = \frac{\sqrt{2}}{4}\alpha$$
$$\fallingdotseq 0.354\alpha$$

次に水平変位 δ_H も同様に，図9.18のようにC点に $\overline{P}=1$ を作用させる（省略）．

$$1 \cdot \delta_H = -\left(-\frac{2+\sqrt{2}}{4}\right)a = \frac{2+\sqrt{2}}{4}\alpha \fallingdotseq 0.854\alpha$$

【応用問題5】 図9.19に示す半径 r の半円の片持ち梁の点Bの先端に集中荷重 P を受けたとき，点Bの水平変位 δ_H を求めよ．ただし，軸力およびせん断力の影響は無視するものとし，EI は一定とする．

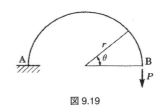

図9.19

【応用問題6】 図9.20の片持ち梁の自由端B点に荷重 P が作用している．そのときのB点のたわみ y_B を，仮想仕事の原理で曲げモーメントのみ考慮した場合とせん断力と曲げモーメントの両方を考慮した場合の2つについて，それぞれ求めよ．たわみ y_B に対する D/l とせん断力の影響について考慮しなさい．ただし，$k=1.19$ とし，$E=2.6G$ とする．

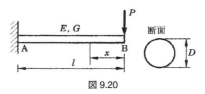

図9.20

【応用問題7】 図9.21のトラスのD点の垂直変位 δ_V を，仮想仕事の原理を使って求めよ．ただし，$EA = 5.0 \times 10^8 \, N$ で全部材一定とする．

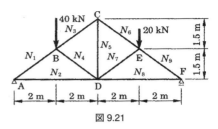

図9.21

【応用問題8】 図9.22に示す張出し梁のC点のたわみ y_C とたわみ角 θ_C を仮想仕事の原理を使って求めよ．

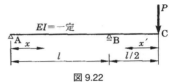

図9.22

【応用問題9】 図9.23の不静定梁のC点のたわみを，仮想仕事の原理を使って求めよ．その際に M 図，$\overline{M}$ 図については以下にあげる①〜③について計算し，その比較をせよ．

① a)とc)
② a)とd)
③ b)とc)

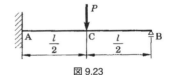

図9.23

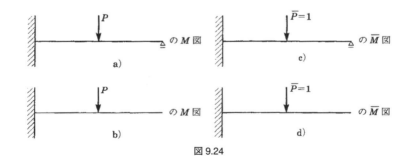

図9.24

【応用問題10】 図9.25のトラスを製作する際，部材長にそれぞれ誤差を生じた．組立後トラスに生じるD点のたわみを仮想仕事の原理を使って求めよ．

§3 最小仕事の原理

基本問題8 図9.2の単純梁のひずみ

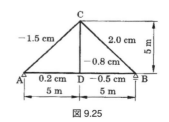

図9.25

エネルギーを P で偏微分すると，C 点のたわみが求められることを確認せよ．

[解答] 本章の基本問題 2 から $W_m = P^2l^3/96EI$ であるから

$$\frac{\partial W}{\partial P} = \frac{\partial}{\partial P}\left(\frac{P^2l^3}{96EI}\right) = \frac{Pl^3}{48EI}$$

基本問題 9 図 9.26 の片持ち梁の自由端 B 点のたわみ y_B を求めよ．

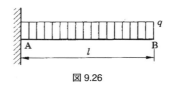

図 9.26

[解答] 図 9.27 のようにたわみを求めようとする B 点に仮想荷重 $\overline{P}$ を加える．

$$M_x = -\frac{qx^2}{2} - \overline{P}x$$

$$\frac{\partial M_x}{\partial \overline{P}} = -x$$

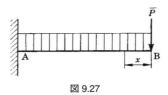

図 9.27

$$y_B = \frac{\partial W}{\partial \overline{P}} = \int \frac{M_x}{EI}\frac{\partial M_x}{\partial \overline{P}}dx = \frac{1}{EI}\int_0^l\left(-\frac{qx^2}{2} - \overline{P}x\right)(-x)\,dx$$

仮想荷重 $\overline{P}$ はもともと 0 であるから積分する前に $\overline{P} = 0$ を代入して

$$y_B = \frac{1}{EI}\int_0^l \frac{qx^3}{2}dx = \frac{q}{2EI}\left[\frac{x^4}{4}\right]_0^l = \frac{ql^4}{8EI}$$

[考察] $\overline{P}$ の定義した方向に変位する場合に＋となって求められることに注意されたい．したがってたわみを求めるときは，たわみの定義から $\overline{P}$ は上から下向きに作用させるのが普通である．

たわみ角 θ を求めるときには，仮想モーメント荷重 $\overline{M}$ を，その求めたい点に時計回りに作用させる（たわみ角の定義は，時計回りを正としている）とよい．

基本問題 10 図 9.28 のような梁について，仕事（ひずみエネルギー，内働）W を不静定反力 X_1 で表し，X_1 を変化させて W の最小値を求めよ．ただし，梁の断面 2 次モーメントを I，ヤング係数を E とする．

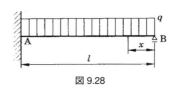

図 9.28

[**解答**] 不静定反力 X_1 が作用せず外力 q のみ作用する場合の B 端から x の距離の点での曲げモーメントは

$$M_0 = -qx\frac{x}{2} = -\frac{1}{2}qx^2$$

不静定反力 X_1 のみ作用する場合の B 端から x の距離での曲げモーメントは

$$M_1 = X_1 x$$

したがって，不静定反力 X_1 と外力 q による曲げモーメントは次のようになる．

$$M = M_0 + M_1 = -\frac{1}{2}qx^2 + X_1 x$$

仕事 W は次のようになる．

$$W = \int_0^l \frac{M^2}{2EI}dx = \frac{1}{2EI}\int_0^l \left(X_1 x - \frac{1}{2}qx^2\right)^2 dx$$

$$= \frac{1}{2EI}\int_0^l \left(X_1^2 x^2 - qX_1 x^3 + \frac{1}{4}q^2 x^4\right)dx$$

$$= \frac{1}{2EI}\left(\frac{1}{3}l^3 X_1^2 - \frac{1}{4}ql^4 X_1 + \frac{1}{20}q^2 l^5\right)$$

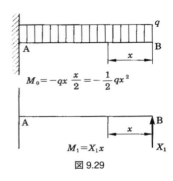

図 9.29

表 9.4

$X_1\left(\frac{1}{8}ql\right)$	$W\left(\frac{q^2 l^5}{1920 EI}\right)$
1	23
2	8
3	3
4	8
5	23

$X_1 = ql/8,\ 2ql/8,\ 3ql/8,\ 4ql/8,\ 5ql/8$ のときのそれぞれの W の値を計算すると表 9.4 になる．

したがって X_1 と W の関係をグラフに示せば，図 9.30 のようになる．

これから仕事 W を最小にする不静定反力が $X_1 = 3ql/8$ であることがわかる．なお，仕事 W は次のように放物線の式の性質を使ってまとめることができるので，これからも $X_1 = 3ql/8$ のとき W が最小となることがわかる．

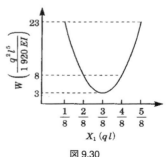

図 9.30

$$W = \frac{1}{2EI}\left(\frac{1}{3}l^3 X_1^2 - \frac{1}{4}ql^4 X_1 + \frac{1}{20}q^2 l^5\right)$$

$$= \frac{l^3}{2EI}\left\{\frac{1}{3}\left(X_1 - \frac{3}{8}ql\right)^2 + \frac{q^2 l^2}{320}\right\}$$

基本問題 11 図 9.31 に示すような連続梁の反力 R_B, R_C を,最小仕事の原理を使って求めよ.ただし,全部材 EI は一定とする.

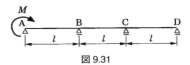

図 9.31

[**解答**] まず,静定基本系として単純梁 AD を考え,B 点の反力を不静定力 X_1, C 点の反力を不静定力 X_2 とすると,図 9.32 のようになる.

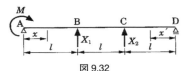

図 9.32

A 点から x の距離のところの曲げモーメントは,

$0 \leq x \leq l$,

$$M_x = \left(-\frac{2}{3}X_1 - \frac{1}{3}X_2 - \frac{M}{3l}\right)x + M$$

$$\frac{\partial M_x}{\partial X_1} = -\frac{2}{3}x, \quad \frac{\partial M_x}{\partial X_2} = -\frac{1}{3}x$$

$l \leq x \leq 2l$,

$$M_x = \left(-\frac{2}{3}X_1 - \frac{1}{3}X_2 - \frac{M}{3l}\right)x + M + (x-l)X_1$$

$$\frac{\partial M_x}{\partial X_1} = -\frac{2}{3}x + x - l = \frac{1}{3}x - l, \quad \frac{\partial M_x}{\partial X_2} = -\frac{1}{3}x$$

D 点から x' の距離のところの曲げモーメントは,

$0 \leq x' \leq l$,

$$M_{x'} = \left(-\frac{1}{3}X_1 - \frac{2}{3}X_2 - \frac{M}{3l}\right)x'$$

$$\frac{\partial M_{x'}}{\partial X_1} = -\frac{1}{3}x', \quad \frac{\partial M_{x'}}{\partial X_2} = -\frac{2}{3}x'$$

B 点のたわみは 0 であるので,

$$\frac{\partial W}{\partial X_1}=y_B=\int \frac{M_x}{EI}\frac{\partial M_x}{\partial X_1}dx$$

$$=\frac{1}{EI}\int_0^l\left[\left(-\frac{2}{3}X_1-\frac{1}{3}X_2-\frac{M}{3l}\right)x+M\right]\left(-\frac{2}{3}x\right)dx$$

$$+\frac{1}{EI}\int_l^{2l}\left[\left(-\frac{2}{3}X_1-\frac{1}{3}X_2-\frac{M}{3l}\right)x+M+(x-l)X_1\right]\left(\frac{1}{3}x-l\right)dx$$

$$+\frac{1}{EI}\int_0^l\left[\left(-\frac{1}{3}X_1-\frac{2}{3}X_2+\frac{M}{3l}\right)\right]x'\left(-\frac{1}{3}x'\right)$$

$$=\frac{4}{9EI}X_1\left[\frac{x^3}{3}\right]_0^l+\frac{2}{9EI}X_2\left[\frac{x^3}{3}\right]_0^l+\frac{2M}{9lEI}\left[\frac{x^3}{3}\right]_0^l$$

$$-\frac{2M}{3EI}\left[\frac{x^2}{2}\right]_0^l-\frac{2}{9EI}X_1\left[\frac{x^3}{3}\right]_l^{2l}-\frac{1}{9EI}X_2\left[\frac{x^3}{3}\right]_l^{2l}$$

$$-\frac{M}{9lEI}\left[\frac{x^3}{3}\right]_0^{2l}+\frac{M}{3EI}\left[\frac{x^2}{2}\right]_l^{2l}+\frac{X_1}{3EI}\left[\frac{x^3}{3}\right]_l^{2l}-\frac{lX_1}{3EI}\left[\frac{x^2}{2}\right]_l^{2l}$$

$$+\frac{X_1}{9EI}\left[\frac{x'^3}{3}\right]_0^l+\frac{2X_2}{9EI}\left[\frac{x'^3}{3}\right]_0^l-\frac{M}{9lEI}\left[\frac{x'^3}{3}\right]_0^l$$

$$=\frac{24l^3}{54EI}X_1+\frac{21l^3}{54EI}X_2-\frac{30Ml^2}{54EI}=0 \tag{1}$$

式(1)を l^3/EI で割ると,

$$\frac{8}{18}X_1+\frac{7}{18}X_2=\frac{10M}{18l} \tag{2}$$

次に, C 点のたわみも 0 であるから, 同様に,

$$\frac{\partial W}{\partial X_2}=y_C=\frac{1}{EI}\int_0^l\left[\left(-\frac{2}{3}X_1-\frac{1}{3}X_2-\frac{M}{3l}\right)x+M\right]\left(-\frac{1}{3}x\right)dx$$

$$+\frac{1}{EI}\int_l^{2l}\left[\left(-\frac{2}{3}X_1-\frac{1}{3}X_2-\frac{M}{3l}\right)x+M+(x-l)X_1\right]\left(-\frac{1}{3}x\right)dx$$

$$+\frac{1}{EI}\int_0^l\left(-\frac{1}{3}X_1-\frac{2}{3}X_2+\frac{M}{3l}\right)x'\left(-\frac{2}{3}x'\right)dx'$$

$$=\frac{21l^3}{54EI}X_1+\frac{24l^3}{54EI}X_2-\frac{24Ml^2}{54EI}=0 \tag{3}$$

式(3)も式(1)と同様に,

$$\frac{7}{18}X_1 + \frac{8}{18}X_2 = \frac{8M}{18l} \tag{4}$$

式(2)と式(4)について, X_1, X_2 を連立方程式で解くと,

$$X_1 = R_B = 8M/5l, \qquad X_2 = R_C = -2M/5l$$

基本問題12 図9.33の梁の点Cの反力を,最小仕事の原理を使って求めよ.ただし,バネ定数 K (N/mm) とする.

[解答] バネで負担する力(反力 R_C)を不静定力 X と仮定すると,図9.34のようになる.図9.34 a) のひずみエネルギーを W_a, b) のひずみエネルギーを W_b とすると

$$W = W_a + W_b$$

最小仕事の原理を適用すると

$$\frac{\partial W}{\partial X} = \frac{\partial W_a}{\partial X} + \frac{\partial W_b}{\partial X} = 0$$

となる.

$\partial W_a/\partial X$ から求めていく.$0 \leq x \leq l/2$ で図9.34 a) から

$$M_x = \frac{ql}{2}x - \frac{X}{2}x - \frac{q}{2}x^2$$

$$\frac{\partial M_x}{\partial X} = -\frac{x}{2}$$

$$\frac{\partial M_a}{\partial X} = \int \frac{M_x}{EI}\left(\frac{\partial M_x}{\partial X}\right)dx = \frac{2}{EI}\int_0^{l/2}\left(\frac{ql}{2}x - \frac{X}{2}x - \frac{q}{2}x^2\right)\left(-\frac{x}{2}\right)dx$$

$$= \frac{2}{EI}\int_0^{l/2}\left(-\frac{ql}{4}x^2 + \frac{X}{4}x^2 + \frac{q}{4}x^3\right)dx$$

$$= -\frac{ql}{2EI}\left[\frac{x^3}{3}\right]_0^{l/2} + \frac{X}{2EI}\left[\frac{x^3}{3}\right]_0^{l/2} + \frac{q}{2EI}\left[\frac{x^4}{4}\right]_0^{l/2}$$

$$= -\frac{ql^4}{48EI} + \frac{Xl^3}{48EI} + \frac{ql^4}{128EI} = -\frac{5ql^4}{384EI} + \frac{Xl^3}{48EI} \tag{1}$$

$\partial W_b / \partial X$ は，$X = K\delta$ だから，$W_b = (1/2) \cdot X \cdot (X/K) = X^2/2K$

$$\frac{\partial W_b}{\partial X} = \frac{X}{K} \tag{2}$$

式(1)と(2)から

$$-\frac{5ql^4}{384EI} + \frac{Xl^3}{48EI} + \frac{X}{K} = 0 \quad \therefore \quad X = \frac{5ql^4 K}{8Kl^3 + 384EI} (= R_C)$$

前章の応用問題2と同じであるが，力学的にどのように関係しているか考えてみよう．

基本問題13 図9.35のような不静定トラスのB点の反力を，最小仕事の原理を使って求めよ．ただし，EAは全部材一定とする．

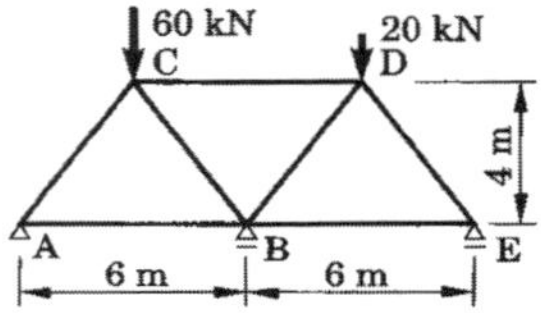

[解答] B点の反力を不静定力 X とおいて図9.36のようなトラスを考え，各部材力を求める．公式(9-13)から最小仕事の原理を適用すると，次式から X が求まる．

$$\frac{\partial W}{\partial X} = \sum \frac{N}{EA} \left(\frac{\partial W}{\partial X} \right) s = 0$$

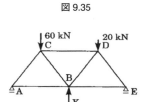

図9.35

図9.36

以下まとめると表9.5のようになる．

表9.5

部材	図9.36での部材力	$\partial N/\partial X$	s(各部材長)	$N\left(\dfrac{\partial N}{\partial X}\right)s$
AB	$\dfrac{75}{2} - \dfrac{3}{8}X$	$-\dfrac{3}{8}$	6	$-\dfrac{675}{8} + \dfrac{27}{32}X$
AC	$-\dfrac{125}{2} + \dfrac{5}{8}X$	$\dfrac{5}{8}$	5	$-\dfrac{3125}{16} + \dfrac{125}{64}X$
CB	$-\dfrac{25}{2} - \dfrac{5}{8}X$	$-\dfrac{5}{8}$	5	$\dfrac{625}{16} + \dfrac{125}{64}X$
CD	$-30 + \dfrac{3}{4}X$	$\dfrac{3}{4}$	6	$-135 + \dfrac{27}{8}X$
BD	$\dfrac{25}{2} - \dfrac{5}{8}X$	$-\dfrac{5}{8}$	5	$-\dfrac{625}{16} + \dfrac{125}{64}X$
BE	$\dfrac{45}{2} - \dfrac{3}{8}X$	$-\dfrac{3}{8}$	6	$-\dfrac{405}{8} + \dfrac{27}{32}X$
DE	$-\dfrac{75}{2} + \dfrac{5}{8}X$	$\dfrac{5}{8}$	5	$-\dfrac{1875}{16} + \dfrac{125}{64}X$

$$\therefore \sum N \left(\frac{\partial N}{\partial X} \right) s = -\frac{1165}{2} + \frac{103}{8}X$$

$$\therefore \quad -\frac{1165}{2}+\frac{103}{8}X=0, \quad \therefore X=45.2\text{ kN}$$

【応用問題 11】 図 9.37 のように 3 つのバネの上に梁が載っている構造物の A 点の反力を，最小仕事の原理を使って求めよ．ただし，A 点の反力（不静定力）を X_1 とおいて計算しなさい．バネは 3 つともバネ定数 K（N/mm）とする．

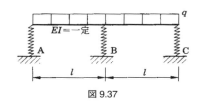

図 9.37

【応用問題 12】 図 9.38 に示す片持ち梁 CD の先端 C 点の上に単純梁 AB をのせている構造物について，それぞれの梁の反力と C 点のたわみを，最小仕事の原理を使い，曲げエネルギーのみを考慮して求めよ．

【応用問題 13】 図 9.39 の梁の点 B の反力 R_B を，最小仕事の原理を使って求めよ．

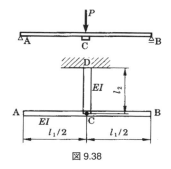

図 9.38

【応用問題 14】 図 9.40 の単純梁の中央部を上からロープで吊ってある．そのときのロープの張力 T を，最小仕事の原理を使って求めよ．ただし，ロープのヤング係数を E_R，断面積を A_R とする．

【応用問題 15】 図 9.41 のような等分布荷重 q を受けるスパン l の単純梁 AB があり，その中間点 C にポンツーンを置く．水の単

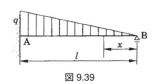

図 9.39

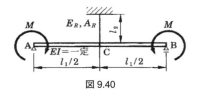

図 9.40

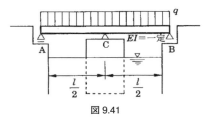

図 9.41

位体積重量 γ, ポンツーンの底面積を F とするとき，各支点の反力および C 点のたわみを求めよ．ただし，梁の曲げ剛性 EI は一定とする．

§4 弾性方程式

基本問題 14 図 9.42 のようなトラスを内的 1 次不静定（部材が 1 本多い）として，部材力を求めよ．ただし，$E = 50$ kN/cm^2, $A = 20$ cm^2 とする．

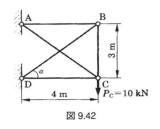

図 9.42

[解答] 部材 AC を取り去って，静定基本系にする．それを図 9.43 a) に示す．この場合は静定なので，釣合いより部材力を求めることができる．

$$\sin \alpha = 3/5 = 0.6, \quad \cos \alpha = 4/5 = 0.8$$

節点 C において

$\sum V = 0$ より $N_{BC} = 10$ kN, $\sum H = 0$ より $N_{DC} = 0$

節点 B において

$\sum V = 0$ より $N_{DB} \sin \alpha + N_{BC} = 0$

したがって

$N_{DB} = -N_{BC}/\sin \alpha = -10/0.6$
$= -16.667$ kN

$\sum H = 0$ より $N_{AB} + N_{DB} \cos \alpha = 0$

したがって

$N_{AB} = -N_{DB} \cos \alpha = -(-16.667) \times 0.8 = 13.333$ kN

ただし図 9.43 a) において，圧縮力には負号を付けた．

次に部材 AC に不静定力 $X_1 = 1$ を作用させたときを図 9.43 b) 状態 $X_1 = 1$ とする．この場合も静定なので，釣合いより部材力を求めることができる．

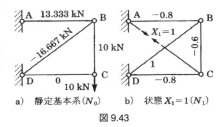

a) 静定基本系 (N_0)　　b) 状態 $X_1 = 1$ (N_1)

図 9.43

節点 C において ($N_{AC} = X_1 = 1$)

$\sum V = 0$ より $N_{BC} = -N_{AC} \sin \alpha = -1 \times 0.6 = -0.6$

$\sum H = 0$ より $N_{DC} = -N_{AC} \cos \alpha = -1 \times 0.8 = -0.8$

節点 B において

$\sum V=0$ より $N_{DB}\sin\alpha+N_{BC}=0$

したがって

$N_{DB}=-N_{BC}/\sin\alpha=-(-0.6)/0.6=1$

$\sum H=0$ より $N_{AB}=-N_{DB}\cos\alpha=-1\times 0.8=-0.8$

ただし図 9.43 b) において，圧縮力には負号を付けた．

弾性方程式 $\delta_{11}X_1=-\delta_{10}$

ここで

$$\delta_{11}=\sum\frac{N_1^2}{EA}s=\frac{1}{EA}[(N^1_{AB})^2\times 4+(N^1_{BC})^2\times 3+(N^1_{DC})^2\times 4$$
$$+(N^1_{AC})^2\times 5+(N^1_{DB})^2\times 5]$$
$$=\frac{1}{50\times 20}[(-0.8)^2\times 4+(-0.6)^2\times 3+(-0.8)^2\times 4+1^2\times 5$$
$$+1^2\times 5]$$
$$=\frac{1}{1\,000}(2.56+1.08+2.56+5+5)=\frac{16.20}{1\,000}=0.01620\text{ m/kN}$$

$$\delta_{10}=\sum\frac{N_1N_0}{EA}s=\frac{1}{EA}[(N^1_{AB})(N^0_{AB})\times 4+(N^1_{BC})(N^0_{BC})\times 3$$
$$+(N^1_{DC})(N^0_{DC})\times 4+(N^1_{AC})(N^0_{AC})\times 5+(N^1_{DB})(N^0_{DB})\times 5]$$
$$=\frac{1}{1\,000}[(-0.8)\times 13.333\times 4+(-0.6)\times 10\times 3$$
$$+(-0.8)\times 0\times 4+1\times(-16.667)\times 5]$$
$$=\frac{1}{1\,000}(-42.665-18.000-83.335)$$
$$=-\frac{144.00}{1\,000}=-0.144\text{ m}$$

ここで部材力は，たとえば N^0_{AB}, N^1_{AB} は，それぞれ静定基本系の部材力 N_{AB}, 状態 $X_1=1$ の部材力 N_{AB} を表す．

$\therefore\ X_1=-\dfrac{\delta_{10}}{\delta_{11}}=-\dfrac{-(-0.144)}{0.0162}=8.889\text{ kN}$

$\therefore\ N_{AB}=N^0_{AB}+N^1_{AB}X_1=13.333-0.8\times 8.889=6.222\text{ kN}$

$N_{BC} = N^0{}_{BC} + N^1{}_{BC} X_1 = 1 - 0.6 \times 8.889 = 4.667 \text{ kN}$

$N_{DC} = N^0{}_{DC} + N^1{}_{DC} X_1 = 0 - 0.8 \times 8.889$

$\quad = -7.111 \text{ kN}$

$N_{AC} = X_1 = 8.889 \text{ kN}$

$N_{DB} = N^0{}_{DB} + N^1{}_{DB} X_1 = -16.667 + 1 \times 8.889$

$\quad = -7.778 \text{ kN}$

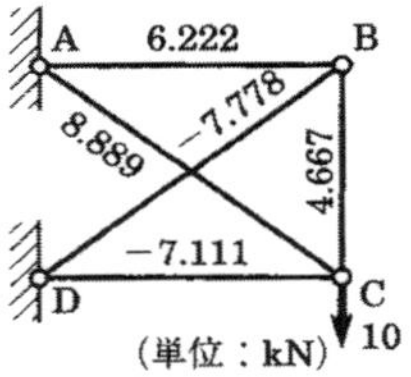

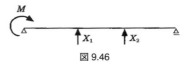

図 9.44

以上部材力をまとめると図 9.44 になる.

基本問題 15 弾性方程式をつくって図 9.45 の連続梁の反力 R_B, R_C を求め，曲げモーメント図を描きなさい（この問題は，最小仕事の原理のところにある問題と同じである）．ただし，EI は全部材一定とする．

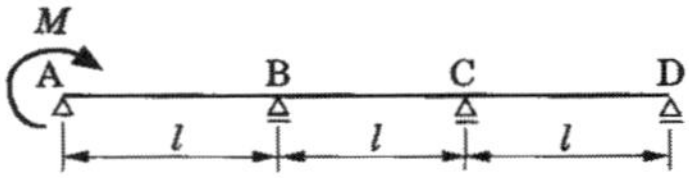

[解答] まず，静定基本系として単純梁 AD を考え，B 点の反力を不静定力 X_1，C 点の反力を不静定力 X_2 とすると，図 9.46 のようになる．

図 9.45

図 9.46

未知数は X_1, X_2 と 2 つなので，

$\delta_{11} X_1 + \delta_{12} X_2 = -\delta_{10}$

$\delta_{21} X_1 + \delta_{22} X_2 = -\delta_{20}$ \hspace{2em} (1)

δ_{ij} をそれぞれ求めて，X_1, X_2 について連立方程式を解けばよい．その前に，静定基本系の単純梁 AD における，実際の荷重による曲げモーメント M_0 を求めると，

$0 \leq x \leq 3l \quad M_0 = M - \dfrac{M}{3l} x$

$0 \leq x' \leq 3l \quad M_{x'} = \dfrac{M}{3l} x'$

となる．

次に，図 9.48 に示すように不静定力 X_1 $=1$ のみが静定基本系に作用しているときの曲げモーメント M_1 を求めると，

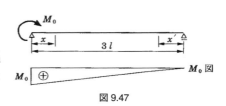

図 9.47

$0 \leqq x \leqq l$　　　$M_1 = -\dfrac{2}{3}x$

$l \leqq x \leqq 2l$　　　$M_1 = -\dfrac{2}{3}x + (x-1) \cdot l = \dfrac{x}{3} - l$

$0 \leqq x' \leqq l$　　　$M_1 = -\dfrac{1}{3}x'$

次に，図9.49に示すように不静定力 $X_2 = 1$ のみが静定基本系に作用している時の曲げモーメント M_2 を求めると

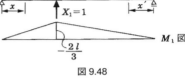

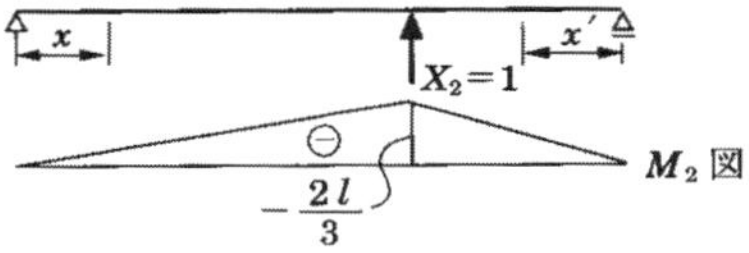

図 9.48

$0 \leqq x \leqq 2l$　　　$M_2 = -\dfrac{1}{3}x$

$0 \leqq x' \leqq l$　　　$M_2 = -\dfrac{2}{3}x'$

図 9.49

式(1)における δ_{ij} をそれぞれ求めていく，

$$\delta_{11} = \int \dfrac{M_1^2}{EI}dx = \dfrac{1}{EI}\int_0^l \left(-\dfrac{2}{3}x\right)^2 dx + \dfrac{1}{EI}\int_0^{2l}\left(-\dfrac{1}{3}x'\right)^2 dx'$$

$$= \dfrac{4}{9EI}\left[\dfrac{x^2}{3}\right]_0^l + \dfrac{1}{9EI}\left[\dfrac{x^3}{3}\right]_0^{2l} = \dfrac{8l^3}{18EI} \tag{2}$$

$$\delta_{22} = \int \dfrac{M_2^2}{EI}dx = \dfrac{1}{EI}\int_0^{2l}\left(-\dfrac{1}{3}x\right)^2 dx + \dfrac{1}{EI}\int_0^l \left(-\dfrac{2}{3}x'\right)^2 dx' = \dfrac{8l^3}{18EI}$$

$$\tag{3}$$

$$\delta_{12} = \delta_{21} = \int \dfrac{M_1 M_2}{EI}dx$$

$$= \int_0^l \left(-\dfrac{2}{3}x\right)\left(-\dfrac{1}{3}x\right)dx + \int_l^{2l}\left(\dfrac{x}{3}-l\right)\left(-\dfrac{1}{3}x\right)dx$$

$$+ \int_0^l \left(-\dfrac{1}{3}x'\right)\left(-\dfrac{2}{3}x'\right)dx'$$

$$= \dfrac{2}{9}\left[\dfrac{x^3}{3}\right]_0^l - \dfrac{1}{9}\left[\dfrac{x^3}{3}\right]_l^{2l} + \dfrac{l}{3}\left[\dfrac{x^2}{2}\right]_l^{2l} + \dfrac{2}{9}\left[\dfrac{x'^3}{3}\right]_0^l$$

$$= \frac{l^3}{18EI} \tag{4}$$

$$\delta_{10} = \int \frac{M_0 M_1}{EI} dx$$

$$= \int_0^l \left(M - \frac{M}{3l}x\right)\left(-\frac{2}{3}x\right)dx + \int_0^{2l}\left(\frac{M}{3l}x'\right)\left(-\frac{1}{3}x'\right)dx'$$

$$= -\frac{2}{3}M\left[\frac{x^2}{2}\right]_0^l + \frac{2M}{9l}\left[\frac{x^3}{3}\right]_0^l - \frac{M}{9l}\left[\frac{x'^3}{3}\right]_0^{2l}$$

$$= -\frac{10Ml^2}{18EI} \tag{5}$$

$$\delta_{20} = \int \frac{M_0 M_2}{EI} dx$$

$$= \int_0^{2l}\left(M - \frac{M}{3l}x\right)\left(-\frac{1}{3}x\right)dx + \int_0^l\left(\frac{M}{3l}x'\right)\left(-\frac{2}{3}x'\right)dx'$$

$$= -\frac{M}{3}\left[\frac{x^2}{2}\right]_0^{2l} + \frac{M}{9l}\left[\frac{x^3}{3}\right]_0^{2l} - \frac{2M}{9l}\left[\frac{x'^3}{3}\right]_0^l$$

$$= -\frac{8Ml^2}{18EI} \tag{6}$$

式(2)～(6)を式(1)に代入してそれぞれ l^3/EI で割ると，

$$\frac{8}{18}X_1 + \frac{7}{18}X_2 = \frac{10Ml^2}{18EI} \tag{7}$$

$$\frac{7}{18}X_1 + \frac{8}{18}X_2 = \frac{8Ml^2}{18} \tag{8}$$

式(7)，(8)の連立方程式を X_1 と X_2 について解くと，

$$X_1 = R_B = 8M/5l, \qquad X_2 = R_C = -2M/5l \tag{9}$$

静定基本系の単純梁 AD に不静定力 X_1，X_2 を外力として与えて曲げモーメント図を描いてもよいが，ここでは公式 (9-15) から，$M = M_0 + M_1 X_1 + M_2 X_2$ で計算し，曲げモーメント図を描くと図 9.50 のようになる．

［考察］ δ_{ij} の積分を表 9.2 を使って求めてみる．たとえば δ_{12} は表 9.2 で（＊）

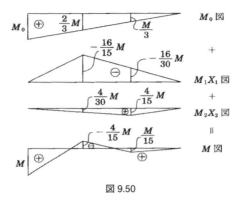

図 9.50

に相当し，かつ表中 l を $3l$ にすると，

$$\delta_{12} = \int \frac{M_1 M_2}{EI} dx = \frac{1}{EI} \int M_1 M_2 dx$$
$$= \left[\frac{\eta_0 \eta_3 3l (9l^2 - a^2 - b^2)}{6(3l-a)(3l-b)} \right] = \frac{1}{EI}\left(\frac{7l^3}{18}\right) = \frac{7l^3}{18EI}$$

δ_{11} は，表 9.2 で ④④ に相当し，同様に表中 l を $3l$ にすると，

$$\delta_{11} = \int \frac{M_1^2}{EI} dx = \frac{1}{EI} \int M_1^2 dx$$
$$= \frac{1}{EI} \eta_4^3 \frac{3l}{3} = \frac{1}{EI}\left(-\frac{2l}{3}\right)^2 l = \frac{4l^3}{9EI}\left(=\frac{8l^3}{18EI}\right)$$

基本問題 16 図 9.51 の梁の C 点が Δ だけ沈下した．その時の梁の曲げモーメント図を，弾性方程式をつくって描きなさい．

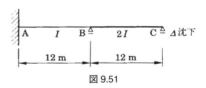

図 9.51

[解答] 静定基本系を 2 つの単純梁に分けて考える．

図 9.52 のように A 点の曲げモーメントを不静定力 X_1 とし，B 点の曲げモーメントを不静定力 X_2 とする．ここで，実際の荷重は作用していないので，M_0 は考慮しなくてよい．

不静定力が 2 つで，支点変位があるので，弾性方程式は公式（9-19）から

$$\delta_{11}X_1+\delta_{12}X_2=-\delta_{10}+\delta_{1r}$$
$$\delta_{21}X_1+\delta_{22}X_2=-\delta_{20}+\delta_{2r}$$

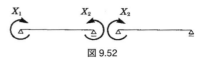

図 9.52

となる（M_0 がないから，$\delta_{10}=\delta_{20}=0$）．

図 9.53 のように不静定力 $X_1=1$ のみが静定基本系に作用する場合の M_1 を求める．

$$0\leqq x\leqq 12, \qquad M_x=1-\frac{x}{l}=1-\frac{x}{12}$$

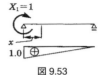

図 9.53

次に図 9.54 のように不静定力 $X_2=1$ のみが静定基本系に作用する場合の M_2 を求める．

$$0\leqq x\leqq 12, \qquad M_x=\frac{x}{l}=\frac{x}{12}$$

$$0\leqq x'\leqq 12, \qquad M_x'=\frac{x'}{12}$$

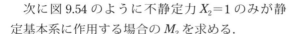

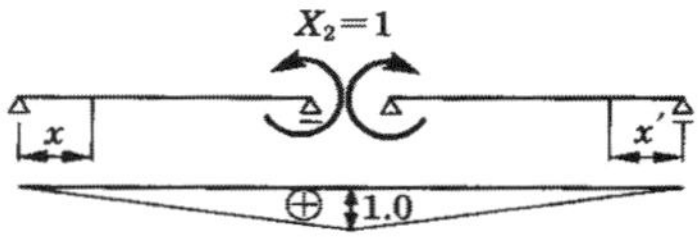

図 9.54

したがって弾性方程式をつくるため，それぞれの δ_{ij} を求めると

$$\delta_{11}=\int\frac{M_1^2}{EI}dx=\frac{1}{EI}\int_0^{12}\left(1-\frac{x}{12}\right)^2 dx=\frac{1}{EI}\int_0^{12}\left(1-\frac{x}{6}+\frac{x^2}{144}\right)dx$$

$$=\frac{1}{EI}\left[x\right]_0^{12}-\frac{1}{6EI}\left[\frac{x^2}{2}\right]_0^{12}+\frac{1}{144EI}\left[\frac{x^3}{3}\right]_0^{12}=\frac{4}{EI}$$

$$\delta_{12}=\int\frac{M_1 M_2}{EI}dx=\frac{1}{EI}\int_0^{12}\left(1-\frac{x}{12}\right)\left(\frac{x}{12}\right)dx$$

$$=\frac{1}{EI}\int_0^{12}\left(\frac{x}{12}-\frac{x^2}{144}\right)dx=\frac{1}{12EI}\left[\frac{x^2}{2}\right]_0^{12}-\frac{1}{144EI}\left[\frac{x^3}{3}\right]_0^{12}=\frac{2}{EI}$$

δ_{1r} を考えると，C 点の反力が静定基本系において 0 であるから

$$\therefore\quad \delta_{1r}=0\cdot(-\varDelta)=0$$

$$\delta_{21}=\delta_{12}$$

$$\delta_{22}=\int\frac{M_2^2}{EI}dx=\frac{1}{EI}\int_0^{12}\left(\frac{x}{12}\right)\left(\frac{x}{12}\right)dx+\frac{1}{2EI}\int_0^{12}\left(\frac{x'}{12}\right)\left(\frac{x'}{12}\right)dx'$$

$$=\frac{1}{144EI}\left[\frac{x^3}{3}\right]_0^{12}+\frac{1}{288EI}\left[\frac{x'^3}{3}\right]_0^{12}=\frac{6}{EI}$$

前述と同様に δ_{2r} を考える．図 9.54 から，C 点の反力は $1/l$（$=1/12$）であり，Δ はその反力の方向に逆向きであるので

$$\delta_{2r}=\frac{1}{l}\times(-\Delta)=-\frac{\Delta}{l}=-\frac{\Delta}{12}$$

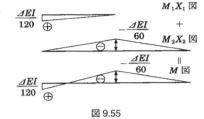

図 9.55

したがって弾性方程式をつくると

$$\frac{4}{EI}X_1+\frac{2}{EI}X_2=0, \quad \frac{2}{EI}X_1+\frac{6}{EI}X_2=-\frac{\Delta}{12}$$

上述の連立方程式を X_1，X_2 について解くと

$$X_1=\frac{\Delta}{120}EI, \quad X_2=-\frac{\Delta}{60}EI$$

となる．したがって，公式(9-15)から

$$M=M_0+M_1X_1+M_2X_2$$

に代入して求めると，図 9.55 のようになる．ただし，前でも触れたが，実際の荷重が作用していないので $M_0=0$ である．

基本問題 17 図 9.56 の連続梁の B 点の反力影響線を弾性方程式をつくって描きなさい．ただし断面一定とする．

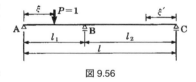

図 9.56

[解答] いま，この連続梁の基本構造として中間支点 B を除去した単純梁を考える．

これに任意点 ξ に単位荷重 $P=1$ が載るものとすると，B 点のたわみは δ_{10} となる．

次に B 点に不静定力 X_1 を作用させると，ξ 点のたわみは相反法則により δ_{10} となる．また B 点のたわみは δ_{11} である．

連続梁に単位荷重が載ったときの中間支点 B のたわみは 0 であるから，図 9.57 の $P=1$ による B 点のたわみ δ_{10} と図 9.58 の X_1 による B 点のたわみ δ_{11}（実際は $\delta_{11}X_1$）の両方を考えて

$$\delta_{11}X_1+\delta_{10}=0$$

あるいは

$$X_1=-\frac{\delta_{10}}{\delta_{11}} \tag{1}$$

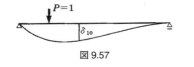
図 9.57

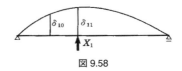
図 9.58

となる．
この式が弾性方程式である．

δ_{10} は単純梁の B 点に $X_1=1$ を作用させたときのたわみ曲線であるから次のようになる．

$$\delta_{10}=\frac{l_2\xi}{6EI\,l}(l_1^2+2l_1l_2-\xi^2) \qquad (0<\xi<l_1)$$

また ξ' を逆からとると

$$\delta_{10}=\frac{l_1\xi'}{6EI\,l}(l_2^2+2l_1l_2-\xi'^2) \qquad (0<\xi'<l_2)$$

(2)

δ_{11} は B 点のたわみなので

$$\delta_{11}=\frac{l_1^2 l_2^2}{3EI\,l} \tag{3}$$

式(2)，(3)を式(1)に代入して計算すると，不静定力 X_1 の影響線つまり中間支点 B の反力影響線が図 9.59 のように計算される．

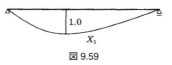
図 9.59

基本問題 18 前題の結果を用いて，連続梁の支点 A の反力影響線および任意点 η の曲げモーメント影響線を描きなさい．

[解答] 支点 A の反力影響線を R_A とすると，重ね合せの原理から R_A は次のようになる．

$$R_A=R_A^0+R_{A1}X_1 \tag{1}$$

ここに，R_A^0：基本構造としての単純梁の A 点の反力影響線

R_{A1}：不静定力 $X_1=1$ による A 点の反力

X_1：不静定力の影響線

また，η 点の曲げモーメント影響線 M は次のようになる．

$$M=M^0+M_1X_1 \tag{2}$$

ここに，M^0：基本構造としての単純梁の η 点の曲げモーメント影響線

M_1：不静定力 $X_1=1$ による η 点の曲げモーメント
X_1：不静定力の影響線

式 (1) において $R_{A1}=-l_2/l$ であり，式 (2) において $M_1=-\dfrac{\eta l_2}{l}$ である．

したがって，これらの計算をした結果の反力と曲げモーメントの影響線は，それぞれ図 9.60 と図 9.61 になる．

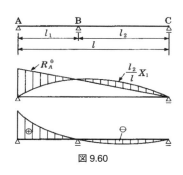

図 9.60

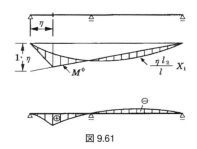

図 9.61

【応用問題 16】 図 9.62 のようなトラスを外的1次不静定（外力が1つ多い）として，部材力を求めよ．ただし，$E=50$ kN/cm^2, $A=20$ cm^2 とする．

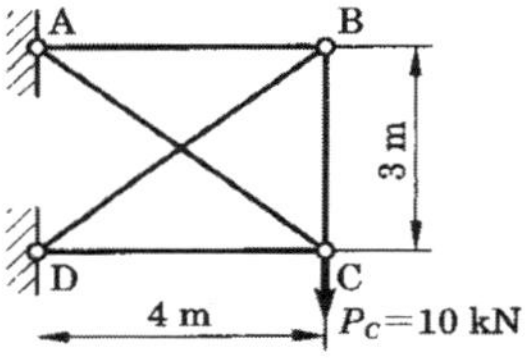

図 9.62

【応用問題ヒント】

問題1　公式 (9-6) で，軸力の項を省いて

$$W_i=\int_0^l \frac{M_x^{\,2}}{2EI}dx+\int_0^l k\frac{S_x^{\,2}}{2GA}dx$$

ただし

$$M_x=-\frac{qx^3}{6l}, \quad S_x=\frac{qx^2}{2l}$$

問題2　公式 (9-4) で，N と E が一定で A と l が変化しているので

$$W_a=\frac{1}{2}\frac{P^2}{E}\sum\frac{l}{A} となる$$

問題3　$M_A=-ql^2/12$, $R_A=ql/2$ であるので

$$M_x = \frac{ql}{2}x - \frac{q}{2}x^2 - \frac{ql^2}{12} \text{ となる.}$$

問題 4 $M_x = \frac{ql}{2}x - \frac{q}{2}x^2$

問題 5 角度 θ での曲げモーメント M_x は
$$M_x = -r(1-\cos\theta)P \quad (0 \leqq \theta \leqq \pi)$$

問題 6 $M_x = -Px, \quad S_x = P$
$\overline{M}_x = -x, \quad \overline{S}_x = 1$

問題 7 温度変化と支点変化がないので
$$1 \cdot \delta_m = \sum \frac{N\overline{N}}{EA}s \text{ となる.}$$

問題 8 $R_A = -P/2$ であるので
$$M_x = -\frac{P}{2}x \quad (0 \leqq x \leqq l)$$

$$M_x' = -Px' \quad \left(0 \leqq x' \leqq \frac{l}{2}\right)$$

たわみ y_C を求めるときは
$$\overline{M}_x = -\frac{x}{2} \quad (0 \leqq x \leqq l)$$

$$\overline{M}_x' = -x' \quad \left(0 \leqq x' \leqq \frac{l}{2}\right)$$

たわみ角 θ_C を求めるときは，C点に時計まわりに $\overline{M} = 1$ を載荷して
$$\overline{M}_x = -\frac{1}{l}x \quad (0 \leqq x \leqq l)$$

$$\overline{M}_{x'} = -1 \quad \left(0 \leqq x' \leqq \frac{l}{2}\right)$$

問題 9 B点の反力 $R_B = 5P/16$

問題 10 公式 (9-8) を用いる．右辺第1項と第3項は0で，第2項の温度収縮を部材長誤差と同義に考えればよい．
$$1 \cdot \delta_m = \sum \overline{N}\varDelta$$

ただし，Δ：製作誤差．

問題 11　荷重対称，構造対称なので，
$R_A = R_C = X_1$, $R_B = 2ql - 2X_1$ で図 9.63 となる．$W_a = W_c$ なので
$$\frac{\partial W}{\partial X_1} = \frac{\partial W_a}{\partial X_1} \times 2 + \frac{\partial W_b}{\partial X_1} = 0$$

問題 12　図 9.64 を参照

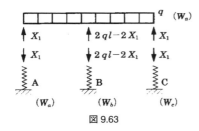

図 9.63

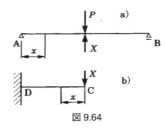

図 9.64

問題 13　$M_x = R_B x - \dfrac{qx^3}{6l}$

問題 14　図 9.65 を参照

問題 15　ポンツーンの浮力は $\gamma F v_c$ である．ただし，v_c はポンツーン沈下量とする．

問題 16　図 9.66 を参照

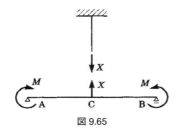

図 9.65

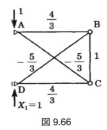

図 9.66

【応用問題解答】

問題 1　$W = \dfrac{q^2 l^3}{42Ebh}\left\{\left(\dfrac{l}{h}\right)^2 + 3.28\right\}$

　　　　　　　　　　　曲げモーメントによる　　せん断力による
　　　　　　　　　　　ひずみエネルギー　　　　ひずみエネルギー

で $l/h = 10$ では，曲げモーメントによるひずみエネルギーに対し，せん断力によるひずみエネルギーは 3.3% にすぎない．

問題 2　$\gamma = \dfrac{W_b}{W_a} = \dfrac{2P^2 l / E\pi d^2}{6P^2 l / E\pi d^2} = \dfrac{1}{3}$

問題 3　$W = \dfrac{q^2 l^5}{240 EI}$

問題 4　$\gamma = \dfrac{両端固定梁のひずみエネルギー}{単純梁のひずみエネルギー} = \dfrac{q^2 l^5 / 1440 EI}{q^2 l^5 / 240 EI} = \dfrac{1}{6}$

問題 5　$\delta_H = \dfrac{-2Pr^3}{EI}$

問題 6　$\delta_m = \dfrac{Pl^3}{3EI} + \dfrac{kPl}{GA}$ で　　$I = \dfrac{\pi}{64}D^4$,　　$G = \dfrac{E}{2.6}$,　　$A = \dfrac{\pi}{4}D^2$　　$k = 1.19$ を代入して

$$= \dfrac{64 Pl^3}{3\pi ED^4}\left\{1 + 0.580\left(\dfrac{D}{l}\right)^2\right\}$$

$64Pl^3/3\pi ED^4$ は曲げモーメントのみ考慮したたわみであるから，D/l が大きいほど B 点のたわみに対し影響が大きい．逆に $D/l = 1/10$ と小さければ，その影響は 0.58% にすぎない．

問題 7　$\sum N \overline{N} s = 615.83 \text{ kN} \cdot \text{m}$

∴　$\delta_D = \sum \dfrac{N\overline{N}}{EA} s = \dfrac{615.83 \times 10^5}{5.0 \times 10^8} \fallingdotseq 0.12 \text{ cm}$　（10^5 に注意する.）

問題 8　$\delta_C = \dfrac{Pl^3}{8EI}$,　　$\theta_C = \dfrac{7Pl^2}{24EI}$

問題 9　$\delta_C = \dfrac{7Pl^3}{768EI}$, ①〜③とも答えが同じになる．①は普通の方法である．②，③のように必ずしも M, $\overline{M}$ とも不静定をとらなくてよいのである．

表 9.6

部材	$\overline{N}$	$\varDelta$	$\overline{N}\varDelta$
AC	$-\sqrt{2}/2$	-1.5	$1.5\sqrt{2}/2$
AD	$1/2$	0.2	$1/10$
CD	1.0	-0.8	$-4/5$
DB	$1/2$	-0.5	$-1/4$
CB	$-\sqrt{2}/2$	2.0	$-\sqrt{2}$

$\sum \overline{N}\varDelta = -1.303$

問題 10　上方に 1.30 cm 変位する.

問題 11　$R_A = \dfrac{3Kql^4 + 48EIql}{8Kl^3 + 72EI}$

問題 12　$R_A = \dfrac{8Pl_2^3}{l_1^3 + 16 l_2^3}$ で C 点のたわみ y_C は

$$y_C = \dfrac{Pl_1^3 l_2^3}{3EI(l_1^3 + 16 l_2^3)}, \quad R_D = \dfrac{Pl_1^3}{l_1^3 + 16 l_2^3}$$

問題 13　$R_B = \dfrac{ql}{10}$

問題 14　$T = \dfrac{Ml_1^2/8EI}{l_1^3/48EI + l_2/E_R A_R} = \dfrac{6Ml_1^2}{l_1^3 + 48EIl_2/E_R A_R}$

問題 15　ポンツーンと梁にかかる力

$$X_C = \dfrac{5\gamma Fql^4}{8(\gamma Fl^3 + 48EI)}$$

ポンツーン沈下量

$$v_C = \dfrac{X}{\gamma F} = \dfrac{5ql^4}{8(\gamma Fl^3 + 48EI)}$$

問題 16　N_0 図は図 9.67 に示す,解答は基本問題 14 参照.

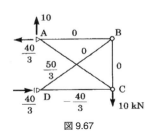

図 9.67

10. 三連モーメントの定理

公式

図 10.1 に示す多スパン連続梁の任意支点 i の左右の 2 スパン l_i, l_{i+1} について考えると，支点 i の両側のたわみ角の連続条件 ($\theta_{i,i-1}=\theta_{i,i+1}$) より次式が成立する．

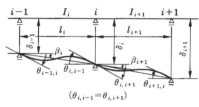

図 10.1

$$\frac{l_i}{I_i}M_{i-1}+2\left(\frac{l_i}{I_i}+\frac{l_{i+1}}{I_{i+1}}\right)M_i+\frac{l_{i+1}}{I_{i+1}}M_{i+1}$$
$$=-6\left(\frac{B_i}{I_i}+\frac{A_{i+1}}{I_{i+1}}\right)+6E(\beta_i-\beta_{i+1}) \quad (10\text{-}1)$$

ここに，M_{i-1}, M_i, M_{i+1}：各支点の曲げモーメント，l_i, l_{i+1}：部材 i および部材 $i+1$ のスパン長，I_i, I_{i+1}：部材 i および部材 $i+1$ の断面 2 次モーメント，E：部材の弾性係数，B_i, A_{i+1}：部材 i の右端および部材 $i+1$ の左端の荷重項で，代表的な荷重による A_i, B_i の値を表 10.1 に示す．β_i, β_{i+1}：支点沈下がある場合の部材 i および $i+1$ の部材回転角で時計回り方向を正とする．

B_i, A_{i+1} は次のように表すこともできる．

$$B_i=-EI_i\theta'_{i,i-1}, \qquad A_{i+1}=EI_{i+1}\theta'_{i,i+1}$$

ここで，$\theta'_{i,i-1}$ は $i-1$, i 間を単純梁と考えた場合のそのスパン内の荷重による i 端のたわみ角を表し，$\theta'_{i,i+1}$ は i, $i+1$ 間を単純梁と考えた場合のそのスパン内の荷重による i 端のたわみ角を表す．また β_i, β_{i+1} を各支点の沈下量 δ_{i-1}, δ_i, δ_{i+1} で表すと次式のようになる．

$$\beta_i=\frac{\delta_i-\delta_{i-1}}{l_i}, \qquad \beta_{i+1}=\frac{\delta_{i+1}-\delta_i}{l_{i+1}}$$

以上，公式 (10-1) は相隣り合う 3 つの支点 ($i-1$, i, $i+1$) の各曲げモーメントの間に成立すべき関係を表す式であり，これを三連モーメント式あるいはクラペイロン (Clapeyron) の三連モーメントの定理という．

表 10.1 三連モーメント式の荷重項

No.	荷重状態	A_i	B_i
1	A ↓P B, l/2, l/2	$\dfrac{Pl^2}{16}$	$\dfrac{Pl^2}{16}$
2	a ↓P b, l	$\dfrac{P}{6l}ab(l+b)$	$\dfrac{P}{6l}ab(l+a)$
3	等分布 p, l	$\dfrac{1}{24}pl^3$	$\dfrac{1}{24}pl^3$
4	部分等分布 p, a, b	$\dfrac{p}{24l}(l^2-b^2)^2$	$\dfrac{p}{24l}a^2(2l^2-a^2)$
5	中間等分布 p, $\bar{a}$, a, b, $\bar{b}$	$\dfrac{p}{24l}(\bar{a}^2-\bar{b}^2)(2l^2-\bar{a}^2-\bar{b}^2)$	$\dfrac{p}{24l}(b^2-a^2)(2l^2-a^2-b^2)$
6	三角分布 p, l	$\dfrac{7pl^3}{360}$	$\dfrac{8pl^3}{360}$
7	台形分布 p_a, p_b, l	$\dfrac{l^3}{360}(8p_a+7p_b)$	$\dfrac{l^3}{360}(7p_a+8p_b)$
8	山形 p, a, b	$\dfrac{p}{360}(l+b)(7l^2-3b^2)$	$\dfrac{p}{360}(l+a)(7l^2-3a^2)$
9	三角(右上) p, a, b	$\dfrac{pa^2}{360l}(7l^2+21lb+12b^2)$	$\dfrac{pa^2}{90l}(5l^2-3a^2)$
10	三角(左上) p, a, b	$\dfrac{pa^2}{360l}(8l^2+9lb+3b^2)$	$\dfrac{pa^2}{360l}(10l^2-3a^2)$
11	モーメント M, a, b	$-\dfrac{M}{6l}(l^2-3b^2)$	$\dfrac{M}{6l}(l^2-3a^2)$
12	端モーメント M_A, M_B	$\dfrac{l}{6}(2M_A+M_B)$	$\dfrac{l}{6}(M_A+2M_B)$
13	分布モーメント m, a, $\bar{a}$, b, $\bar{b}$	$\dfrac{m}{6l}[\bar{b}(l^2-\bar{b}^2)-\bar{a}(l^2-\bar{a}^2)]$	$\dfrac{m}{6l}[b(l^2-b^2)-a(l^2-a^2)]$
14	温度変化 t, $t+\Delta t$, h	$\dfrac{\alpha\Delta t l}{2h}EI$ (α:線膨張係数)	$\dfrac{\alpha\Delta t l}{2h}EI$ (α:線膨張係数)

基本問題 1 三連モーメントの定理を用いて図 10.2 に示す等 2 スパン連続梁の各支点の曲げモーメントと反力を求めよ．ただし，I は全スパン一定とし支点の沈下はないものとする．

[解答] 公式(10-1)より支点 0，1，2 の間に三連モーメント式を適用すると

$$\frac{l}{I}M_0 + 2\left(\frac{l}{I}+\frac{l}{I}\right)M_1 + \frac{l}{I}M_2 = -6\left(\frac{B_1}{I}+\frac{A_2}{I}\right) + 6E(\beta_1-\beta_2) \quad (1)$$

ここで，$M_0=0$（ヒンジ支持），$M_2=0$（ローラー支持）．

荷重項は表 10.1 の 2，3 より

$$B_1 = \frac{ql^3}{24}, \qquad A_2 = \frac{Pab}{6l}(l+b)$$

支点沈下はないので $\beta_1=\beta_2=0$ となり，式(1)は次のように整理される．

$$\frac{4l}{I}M_1 = -6\left(\frac{B_1}{I}+\frac{A_2}{I}\right)$$

$$\therefore \quad M_1 = -\frac{3}{2l}(B_1+A_2) = -\frac{3}{2l}\left[\frac{ql^3}{24}+\frac{Pab}{6l}(l+b)\right]$$

$$= -\frac{3}{2\times 8}\left[\frac{60\times 8^3}{24}+\frac{50\times 6\times 2}{6\times 8}(8+2)\right] = -263.438 \text{ kN}\cdot\text{m}$$

次に，図 10.3 に示すように各スパンを支点 1 に M_1 が作用する単純梁と考えて支点反力を求める．

図 10.3 a) より支点反力 R_0，$R_{1左}$ は，支点 1，0 でのそれぞれのモーメントの釣合いから

$$R_0 l - ql\frac{l}{2} - M_1 = 0$$

$$R_0 = \frac{ql}{2} + \frac{M_1}{l} = \frac{60\times 8}{2} + \frac{-263.438}{8} = 207.070 \text{ kN}$$

$$R_{1\text{左}}l - ql\frac{l}{2} + M_1 = 0, \qquad R_{1\text{左}} = \frac{ql}{2} - \frac{M_1}{l}$$

同様に，図 10.3 b)より支点反力 $R_{1\text{右}}$, R_2 は

$$R_{1\text{右}}l - Pb + M_1 = 0, \qquad R_{1\text{右}} = \frac{Pb}{l} - \frac{M_1}{l}, \qquad R_2 l - Pa - M_1 = 0$$

$$R_2 = \frac{Pa}{l} + \frac{M_1}{l} = \frac{50\times 6}{8} + \frac{-263.438}{8} = 4.570 \text{ kN}$$

中間支点反力 R_1 は $R_{1\text{左}}$ と $R_{1\text{右}}$ を加えることにより

$$R_1 = R_{1\text{左}} + R_{1\text{右}} = \frac{ql}{2} + \frac{Pb}{l} - \frac{2}{l}M_1$$

$$= \frac{60\times 8}{2} + \frac{50\times 2}{8} - \frac{2}{8}(-263.438) = 318.360 \text{ kN}$$

【応用問題1】 三連モーメントの定理を用いて図 10.4 に示すスパン長の異なる 2 スパン連続梁の曲げモーメント図とせん断力図を求めよ．ただし，I は全スパン一定とし支点の沈下はないものとする．

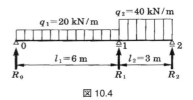

図 10.4

|基本問題2| 三連モーメントの定理を用いて図 10.5 に示す等 3 スパン連続梁に等分布荷重が満載した場合について，曲げモーメント図とせん断力図を求めよ．ただし，I は全スパン一定とし支点は沈下しないものとする．

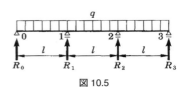

図 10.5

[解答] 公式(10-1)を用いて支点 0, 1, 2 および支点 1, 2, 3 に対してそれぞれ三連モーメント式を適用すると

$$\frac{l}{I}M_0 + 2\left(\frac{l}{I} + \frac{l}{I}\right)M_1 + \frac{l}{I}M_2 = -6\left(\frac{B_1}{I} + \frac{A_2}{I}\right) + 6E(\beta_1 - \beta_2) \qquad (1)$$

$$\frac{l}{I}M_1 + 2\left(\frac{l}{I} + \frac{l}{I}\right)M_2 + \frac{l}{I}M_3 = -6\left(\frac{B_2}{I} + \frac{A_3}{I}\right) + 6E(\beta_2 - \beta_3) \qquad (2)$$

両支点 0, 3 はそれぞれヒンジ支持とローラー支持であるから，$M_0=M_3=0$．支点の沈下はないから $\beta_1=\beta_2=\beta_3=0$ となり，式(1), (2)は

$$4M_1+M_2=-\frac{6}{l}(B_1+A_2) \tag{3}$$

$$M_1+4M_2=-\frac{6}{l}(B_2+A_3) \tag{4}$$

となる．荷重項は表 10.1 の 3 より

$$B_1=B_2=A_2=A_3=\frac{ql^3}{24}$$

また構造と荷重の対称性から $M_1=M_2$ となるので，式(4)は必要でなくなる．式(3)から

$$5M_1=-\frac{6}{l}\left(\frac{ql^3}{24}+\frac{ql^3}{24}\right)=-\frac{ql^2}{2}, \qquad \therefore \quad M_1=-\frac{ql^2}{10}$$

次に，図 10.6 に示すように各スパンを，支点 1 と支点 2 にそれぞれ M_1 が作用する単純梁と考えることにより支点反力を求める．図 10.6 a) より支点反力 R_0, $R_{1左}$ は，支点 1, 0 でのそれぞれのモーメントの釣合いから

$$R_0 l - ql\frac{l}{2} - M_1 = 0, \qquad R_0 = \frac{ql}{2}+\frac{M_1}{l} = \frac{ql}{2}-\frac{ql}{10} = \frac{2}{5}ql$$

$$R_{1左}l - ql\frac{l}{2} + M_1 = 0, \qquad R_{1左} = \frac{ql}{2}-\frac{M_1}{l}$$

図 10.6 b) より支点反力 $R_{1右}$ は支点 2 におけるモーメントの釣合いから

$$R_{1右}l - ql\frac{l}{2} + M_1 - M_1 = 0, \qquad R_{1右} = \frac{ql}{2}$$

支点反力 R_1 は $R_{1左}$ と $R_{1右}$ を加えることにより

$$R_1 = R_{1左}+R_{1右} = ql - \frac{M_1}{l} = ql + \frac{ql}{10} = \frac{11}{10}ql$$

対称性より

$$R_2 = \frac{11}{10}ql, \qquad R_3 = \frac{2}{5}ql$$

次に第 1 スパンの曲げモーメント M とせん断力 S は

$$M = R_0 x - \frac{q}{2}x^2 = \frac{2}{5}qlx - \frac{q}{2}x^2, \qquad S = R_0 - qx = \frac{2}{5}ql - qx$$

となり，この区間の M の最大値 $M_{1\max}$ とその生じる位置 x_1 は

$$S = 0 = \frac{2}{5}ql - qx_1, \qquad \therefore \quad x_1 = \frac{2}{5}l$$

$$M_{1\max} = \frac{2}{5}ql\left(\frac{2}{5}l\right) - \frac{q}{2}\left(\frac{2}{5}l\right)^2 = \frac{2}{25}ql^2$$

また，第 2 スパンの曲げモーメント M とせん断力 S は

$$M = R_{1\,右}x - \frac{q}{2}x^2 + M_1$$

$$= \frac{ql}{2}x - \frac{q}{2}x^2 - \frac{ql^2}{10}$$

$$S = R_{1\,右} - qx = \frac{ql}{2} - qx$$

となり，この区間の M の最大値 $M_{2\max}$ とその生じる位置 x_2 は

$$S = 0 = \frac{ql}{2} - qx_2$$

$$\therefore \quad x_2 = \frac{l}{2}$$

$$M_{2\max} = \frac{ql}{2}\left(\frac{l}{2}\right) - \frac{q}{2}\left(\frac{l}{2}\right)^2$$

$$-\frac{ql^2}{10} = \frac{1}{40}ql^2$$

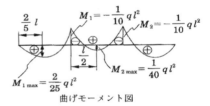

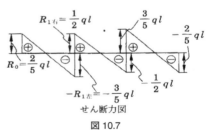

図 10.7

これより曲げモーメント図およびせん断力図は図 10.7 のようになる．

基本問題 3 図 10.8 に示す等 3 スパ

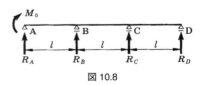

図 10.8

ン連続梁の左端支点に外力モーメントが作用する場合について，三連モーメントの定理を用いて曲げモーメント図とせん断力図を求めよ．ただし，I は全スパン一定とし支点沈下はないものとする．

[解答] 公式(10-1)を用いて支点 A, B, C の間に三連モーメント式を適用すると

$$\frac{l}{I}M_A + 2\left(\frac{l}{I} + \frac{l}{I}\right)M_B + \frac{l}{I}M_C = -6\left(\frac{B_{BA}}{I} + \frac{A_{BC}}{I}\right) \tag{1}$$

上式において M_0 を荷重と考えないで A 支点の曲げモーメントに換算すると，$M_A = M_0$, $B_{BA} = A_{BC} = 0$ より，式(1)は

$$\frac{l}{I}M_0 + 2\left(\frac{l}{I} + \frac{l}{I}\right)M_B + \frac{l}{I}M_C = 0 \tag{2}$$

次に支点 B, C, D に対して三連モーメント式を適用すると

$$\frac{l}{I}M_B + 2\left(\frac{l}{I} + \frac{l}{I}\right)M_C + \frac{l}{I}M_D = -6\left(\frac{B_{CB}}{I} + \frac{A_{CD}}{I}\right) \tag{3}$$

$M_D = 0$（ローラー支持），$B_{CB} = A_{CD} = 0$ より式(2)，(3)は次のように整理される．

$$4M_B + M_C = -M_0, \qquad M_B + 4M_C = 0$$

上式を解くと

$$M_B = -\frac{4}{15}M_0$$

$$M_C = \frac{1}{15}M_0$$

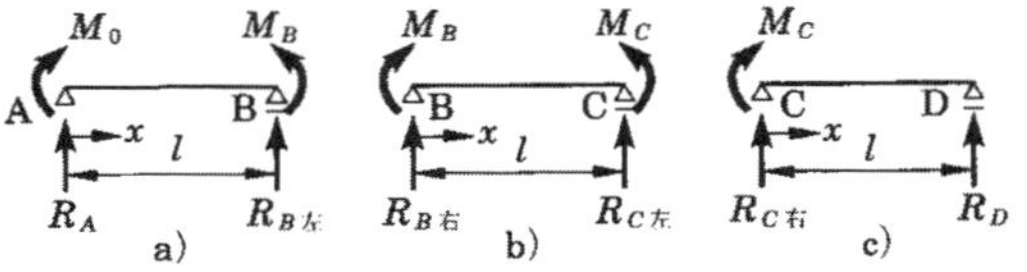

図 10.9

支点反力は，図 10.9 a)より

$$R_A l + M_0 - M_B = 0, \qquad R_A = \frac{1}{l}(M_B - M_0) = -\frac{19}{15}\frac{M_0}{l}$$

$$R_{B左} l - M_0 + M_B = 0, \qquad R_{B左} = \frac{1}{l}(M_0 - M_B) = \frac{19}{15}\frac{M_0}{l}$$

図 10.9 b)より

$$R_{B右} l + M_B - M_C = 0, \qquad R_{B右} = \frac{1}{l}(M_C - M_B) = \frac{M_0}{3l}$$

$$\therefore \quad R_B = R_{B左} + R_{B右} = \frac{19}{15}\frac{M_0}{l} + \frac{1}{3}\frac{M_0}{l} = \frac{8}{5}\frac{M_0}{l}$$

$$R_{C左}l - M_B + M_C = 0, \qquad R_{C左} = \frac{1}{l}(M_B - M_C) = -\frac{M_0}{3l}$$

図 10.9 c) より

$$R_{C右}l + M_C = 0, \qquad R_{C右} = -\frac{M_C}{l} = -\frac{1}{15}\frac{M_0}{l}$$

$$\therefore \quad R_C = R_{C左} + R_{C右} = -\frac{M_0}{3l} - \frac{1}{15}\frac{M_0}{l} = -\frac{2}{5}\frac{M_0}{l}$$

$$R_D l - M_C = 0, \qquad R_D = \frac{M_C}{l} = \frac{1}{15}\frac{M_0}{l}$$

第1スパンの曲げモーメント M とせん断力 S は

$$M = R_A x + M_0 = M_0 - \frac{19}{15}M_0 \frac{x}{l}, \qquad S = R_A = -\frac{19}{15}\frac{M_0}{l}$$

第2スパンについては

$$M = R_{B右} x + M_B$$
$$= -\frac{4}{15}M_0 + \frac{1}{3}M_0 \frac{x}{l}$$

$$S = R_{B右} = \frac{M_0}{3l}$$

第3スパンについては

$$M = R_{C右} x + M_C$$
$$= \frac{1}{15}M_0 \left(1 - \frac{x}{l}\right)$$

$$S = R_{C右} = -\frac{1}{15}\frac{M_0}{l}$$

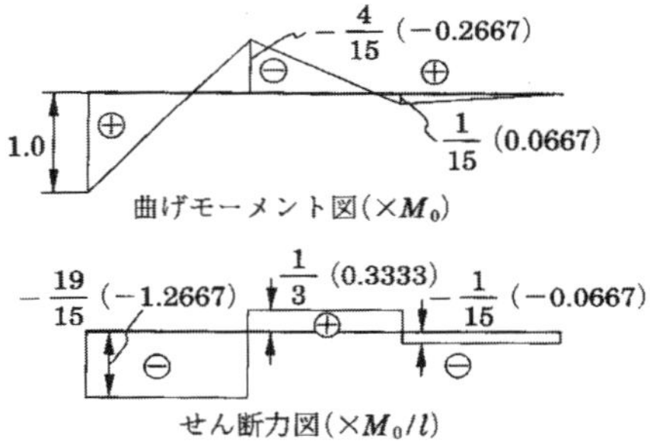

図 10.10

これより曲げモーメント図とせん断力図は図 10.10 のようになる．

基本問題 4 三連モーメントの定理を用いて図 10.11 を示す一端固定梁に集中荷重と等分布荷重が作用する場合について，固定端の曲げモーメントおよび各支点の反力を求めよ．ただし，I は一定とし支点の沈下はないものとする．

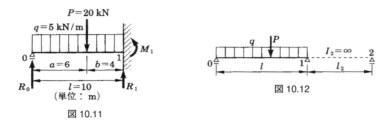

図 10.11

図 10.12

[解答] 固定端に三連モーメント式を用いる場合は図 10.12 のように固定端の外側に仮想の支点 2 を加え，固定端を $I=\infty$ の剛な梁に置き換えて取り扱う．公式(10-1)を用いて支点 0, 1, 2 に三連モーメント式を適用すると

$$\frac{l}{I}M_0+2\left(\frac{l}{I}+\frac{l_2}{I_2}\right)M_1+\frac{l_2}{I_2}M_2=-6\left(\frac{B_1}{I}+\frac{A_2}{I}\right)+6E(\beta_1-\beta_2) \quad (1)$$

ここで，$l_2/I_2=l_2/\infty=0$（l_2 は仮想スパンであるから $l_2=0$ と考えてもよい）．

$M_0=0$（ローラー支持），　　$\beta_1=\beta_2=0$（支点沈下なし）．

荷重項は表 10.1 の 2, 3 より等分布荷重と集中荷重の項を加え合せて

$$B_1=\frac{ql^3}{24}+\frac{Pab}{6l}(l+a), \quad A_2=0$$

となるので式(1)は次のように整理される．

$$2\frac{l}{I}M_1=-\frac{6}{I}\left[\frac{ql^3}{24}+\frac{Pab}{6l}(l+a)\right]$$

$$\therefore \quad M_1=-\frac{ql^2}{8}-\frac{Pab(l+a)}{2l^2}$$

$$=-\frac{5\times 10^2}{8}-\frac{20\times 6\times 4(10+6)}{2\times 10^2}=-100.9\,\text{kN}\cdot\text{m}$$

支点反力は図 10.11 より

$$R_0 l - Pb - ql\frac{l}{2} - M_1 = 0$$

$$R_0=\frac{Pb}{l}+\frac{ql}{2}+\frac{M_1}{l}=\frac{20\times 4}{10}+\frac{5\times 10}{2}-\frac{100.9}{10}=22.91\,\text{kN}$$

$$R_1=P+ql-R_0=20+5\times 10-22.91=47.09\,\text{kN}$$

【応用問題2】 三連モーメントの定理を用いて，図10.13に示す両端固定梁の曲げモーメント図とせん断力図を求めよ．ただし，Iは一定とし支点は沈下しないものとする．

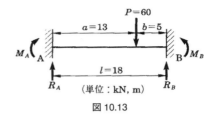

図10.13

基本問題5 三連モーメントの定理を用いて図10.14に示す2スパン連続梁の中央支点が$\delta_1=0.3$ mだけ沈下した場合について，支点1の曲げモーメントと各支点の反力を求めよ．ただし，Iは全スパン一定で$EI=2\times10^4$ kN・m^{2}とする．

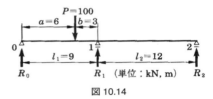

図10.14

[解答] 公式(10-1)より支点0，1，2に三連モーメント式を適用すると

$$\frac{l_1}{I}M_0+2\left(\frac{l_1}{I}+\frac{l_2}{I}\right)M_1+\frac{l_2}{I}M_2$$
$$=-6\left(\frac{B_1}{I}+\frac{A_2}{I}\right)+6E(\beta_1-\beta_2) \qquad (1)$$

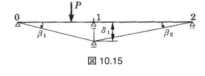

図10.15

ここで，0-1部材，1-2部材の部材回転角β_1，β_2は右回りを正とすると，図10.15より

$$\beta_1=\frac{\delta_1-\delta_0}{l_1}=\frac{\delta_1}{l_1}, \qquad \beta_2=\frac{\delta_2-\delta_1}{l_2}=-\frac{\delta_1}{l_2}$$

荷重項は表10.1の2より

$$B_1=\frac{Pab}{6l_1}(l_1+a), \qquad A_2=0$$

ここに，$M_0=0$（ヒンジ支持），$M_2=0$（ローラー支持）となるので，式(1)は次式のように整理される．

$$2\left(\frac{l_1}{I}+\frac{l_2}{I}\right)M_1=-\frac{Pab}{Il_1}(l_1+a)+6E\left(\frac{\delta_1}{l_1}+\frac{\delta_1}{l_2}\right)$$

$$\therefore M_1=-\frac{Pab(l_1+a)}{2l_1(l_1+l_2)}+\frac{3EI\delta_1}{l_1l_2}$$

$$= -\frac{100 \times 6 \times 3(9+6)}{2 \times 9(9+12)} + \frac{3 \times 2 \times 10^4 \times 0.3}{9 \times 12} = 95.238 \text{ kN} \cdot \text{m}$$

支点反力は図 10.16 a) より

$$R_0 l_1 - Pb - M_1 = 0, \qquad \therefore \quad R_0 = \frac{Pb}{l_1} + \frac{M_1}{l_1} = \frac{100 \times 3}{9} + \frac{95.238}{9}$$

$$= 43.915 \text{ kN}$$

$$R_{1 左} l_1 - Pa + M_1 = 0, \qquad \therefore \quad R_{1 左} = \frac{Pa}{l_1} - \frac{M_1}{l_1}$$

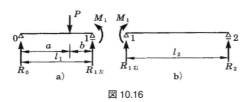

図 10.16

図 10.16 b) より

$$R_{1 右} l_2 + M_1 = 0, \qquad R_{1 右} = -\frac{M_1}{l_2}$$

$$\therefore \quad R_1 = R_{1 左} + R_{1 右} = \frac{Pa}{l_1} - \frac{M_1}{l_1} - \frac{M_1}{l_2}$$

$$= \frac{100 \times 6}{9} - \frac{95.238}{9} - \frac{95.238}{12} = 48.148 \text{ kN}$$

$$R_2 l_2 - M_1 = 0$$

$$\therefore \quad R_2 = \frac{M_1}{l_2} = \frac{95.238}{12} = 7.937 \text{ kN}$$

【応用問題解答】

問題1　図 10.17

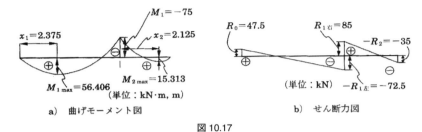

a)　曲げモーメント図　　　　　　b)　せん断力図

図 10.17

問題2　図 10.18

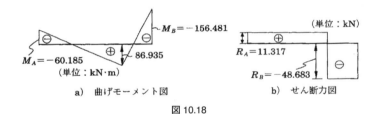

a)　曲げモーメント図　　　　　　b)　せん断力図

図 10.18

11. たわみ角法

公式

たわみ角法 (slope-deflection method) は，部材の両端の部材力をたわみ角 θ（実際にはたわみ角モーメント ϕ）と部材回転角 R（実際には部材角モーメント ψ）で表現し，いくつかの条件から θ と R を求め，この θ と R から部材力を求める方法である．たわみ角法に使われる記号を図 11.1 に示す．

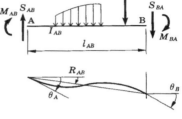

図 11.1 たわみ角法で使われる記号

（1） たわみ角式

$$\left. \begin{array}{l} M_{AB}=k_{AB}(2\phi_A+\phi_B+\psi_{AB})+C_{AB} \\ M_{BA}=k_{AB}(\phi_A+2\phi_B+\psi_{AB})+C_{BA} \end{array} \right\} \quad (11\text{-}1)$$

ここに，M_{AB}：AB 部材の A 端の材端モーメント，M_{BA}：AB 部材の B 端の材端モーメント（正のまわりに注意），k_{AB}：AB 部材の剛比〔AB 部材の剛度 $K_{AB}(=I_{AB}/l_{AB}$ 断面 2 次モーメントを部材長で割ったもの）を基準剛度 K_0 で割ったもの．基準剛度の部材の剛比は $k_{AB}=1$ である〕，ϕ_A：$2EK_0\theta_A$（θ_A は A 点のたわみ角），ϕ_B：$2EK_0\theta_B$（θ_B は B 点のたわみ角），ψ_{AB}：$-6EK_0R_{AB}$（R_{AB} は AB 部材の部材回転角），C_{AB}：荷重項（AB 部材の A 端の荷重項，AB 部材を両端固定梁とみなしたとき，部材内の荷重による A 点の曲げモーメント），C_{BA}：荷重項（AB 部材の B 端の荷重項，AB 部材を両端固定梁とみなしたとき，部材内の荷重による B 点の曲げモーメント），主な荷重項を表 11.1 に示す．

一端がヒンジのときは，$M_{AB}=0$ あるいは $M_{BA}=0$ から次のようになる．

$$\left. \begin{array}{l} \text{B 端がヒンジのとき } M_{AB}=\dfrac{k_{AB}}{2}(3\phi_A+\psi_{AB})+H_{AB}, \quad M_{BA}=0 \\ \text{A 端がヒンジのとき } M_{BA}=\dfrac{k_{AB}}{2}(3\phi_B+\psi_{AB})+H_{BA}, \quad M_{AB}=0 \end{array} \right\} \quad (11\text{-}2)$$

表 11.1　たわみ角法の荷重項

荷重図	C_{AB}	C_{BA}	H_{AB}	H_{BA}
1　中央集中荷重 P、$l/2$、$l/2$	$-\dfrac{Pl}{8}$	$\dfrac{Pl}{8}$	$-\dfrac{3Pl}{16}$	$\dfrac{3Pl}{16}$
2　集中荷重 P、a、b	$-\dfrac{Pab^2}{l^2}$	$\dfrac{Pa^2b}{l^2}$	$-\dfrac{Pab(l+b)}{2l^2}$	$\dfrac{Pab(l+a)}{2l^2}$
3　等分布荷重 w	$-\dfrac{wl^2}{12}$	$\dfrac{wl^2}{12}$	$-\dfrac{wl^2}{8}$	$\dfrac{wl^2}{8}$
4　三角形分布荷重 w	$-\dfrac{wl^2}{30}$	$\dfrac{wl^2}{20}$	$-\dfrac{7wl^2}{120}$	$\dfrac{wl^2}{15}$
5　台形分布荷重 w_1、w_2	$-\dfrac{(3w_1+2w_2)l^2}{60}$	$\dfrac{(2w_1+3w_2)l^2}{60}$	$-\dfrac{(8w_1+7w_2)l^2}{120}$	$\dfrac{(7w_1+8w_2)l^2}{120}$

ここに，H_{AB}：AB 部材を A 端固定，B 端ヒンジの梁とみなしたとき，部材内の荷重による A 点の曲げモーメント，H_{BA}：AB 部材を B 端固定，A 端ヒンジの梁とみなしたとき，部材内の荷重による B 点の曲げモーメント（表 11.1 に示す）．

（2）　せん断力

$$S_{AB}=-\frac{M_{AB}+M_{BA}}{l_{AB}}+S_{A0}, \quad S_{BA}=-\frac{M_{AB}+M_{BA}}{l_{AB}}+S_{B0} \qquad (11\text{-}3)$$

ここに，S_{A0}：AB 部材を単純梁とみなしたときの部材内の荷重による A 端のせん断力，S_{B0}：AB 部材を単純梁とみなしたときの部材内の荷重による B 端のせん断力．

（3）　方程式

1）　節点方程式（節点における曲げモーメントの釣合い式）

この方程式は，反力のない節点で作成される．

$$\sum M_{Ai} = M_A \tag{11-4}$$

ここに，M_A：外力によってA点にかかる曲げモーメント．

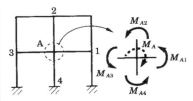

図11.2 節点でのモーメントの釣合い（4部材の例）　　**図11.3** 各層の力の釣合い（S_iは材端せん断力）

図11.2の場合では

$$M_{A1} + M_{A2} + M_{A3} + M_{A4} = M_A$$

となる．

2) 層方程式（せん断力方程式：各層の水平力の釣合い式）

この方程式は，1層，2層の層ごとにつくることができる．

$$P - \sum S_i = 0 \tag{11-5}$$

図11.3の第2層では

$$P - (S_1 + S_2 + S_3) = 0$$

となる．

3) 角方程式（ラーメンが閉合しているための部材回転角に関する条件式）

$$\sum \psi x_i = 0, \quad \sum \psi y_i = 0 \tag{11-6}$$

ここに，x_i, y_iは部材長の水平，鉛直への射影で，向きをもっている．

（4）反力

反力は，材端モーメント，材端せん断力との関係，あるいは任意の点で切断し，釣合い条件から求める．

基本問題1　図11.4に示すラーメンのせん断力図と曲げモーメント図を描きなさい．図の破線側に凸にたわむことを曲げモーメントの正とし，破線側を

下側としたとき右側が下がる変形（◇）をせん断力の正とする．

[**解答**]
1. 節点に番号または記号を付ける．
2. 剛度，剛比を求める．

$$K_{AB}=\frac{I_0}{l_0}, \quad K_{BC}=\frac{I_1}{l_1},$$

$$K_{CD}=\frac{I_0}{l_0}$$

鉛直部材の剛度を基準の剛度（$K_{AB}=K_0$）とすると，剛比は次のようになる．

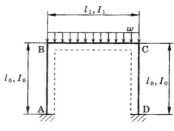

図 11.4

$$k_{AB}=\frac{K_{AB}}{K_0}=1, \quad k_{BC}=\frac{K_{BC}}{K_0}(=k \text{ とおく}), \quad k_{CD}=\frac{K_{CD}}{K_0}=1$$

3. ψ を整理する：荷重，構造が左右対称であることから部材回転角 R は 3 本の部材とも存在しない（考察 1 を参考）．

$$\psi_{AB}=\psi_{BC}=\psi_{CD}=0$$

4. ϕ を整理する：A，D 点が固定端であるから，$\phi_A=\phi_D=0$，また，左右対称であるから，$\phi_B=-\phi_C$（考察 2 を参考）．

5. たわみ角式の作成：たわみ角式の公式（11-1）から，それぞれの材端モーメントは

$$M_{AB}=k_{AB}(2\phi_A+\phi_B+\psi_{AB})+C_{AB}, \quad M_{BA}=k_{AB}(\phi_A+2\phi_B+\psi_{AB})+C_{BA}$$
$$M_{BC}=k_{BC}(2\phi_B+\phi_C+\psi_{BC})+C_{BC}, \quad M_{CB}=k_{BC}(\phi_B+2\phi_C+\psi_{BC})+C_{CB}$$
$$M_{CD}=k_{CD}(2\phi_C+\phi_D+\psi_{CD})+C_{CD}, \quad M_{DC}=k_{CD}(\phi_C+2\phi_D+\psi_{CD})+C_{DC}$$

3.，4. および，AB 部材，CD 部材に荷重がないことを考えると，材端モーメントは次のように整理される（考察 3 を参考）．

$$M_{AB}=k_{AB}(2\phi_A+\phi_B+\psi_{AB})+C_{AB}=1(2\times 0+\phi_B+0)+0=\phi_B$$
$$M_{BA}=k_{AB}(\phi_A+2\phi_B+\psi_{AB})+C_{BA}=1(0+2\phi_B+0)+0=2\phi_B$$
$$M_{BC}=k_{BC}(2\phi_B+\phi_C+\psi_{BC})+C_{BC}=k[2\phi_B+(-\phi_B)+0]+C_{BC}$$
$$=k\phi_B+C_{BC}$$

このほかの材端モーメントは，対称性から，$M_{CB}=-M_{BC}$，$M_{CD}=-M_{BA}$，$M_{DC}=-M_{AB}$ となっている．

6. 節点，角，層方程式の作成：5.のたわみ角式をみると，未知なのは ϕ_B だけであるから一つの方程式が用意されればよい．

　この問題では，B 点で節点方程式をつくり ϕ_B を求めることができる．その節点方程式は

$$M_{BA}+M_{BC}=0$$

である．5. で求めたたわみ角式を代入すると

$$2\phi_B+k\phi_B+C_{BC}=0$$

7. ϕ, ψ を解く：6. でつくった方程式を解くと

$$\phi_B=-\frac{C_{BC}}{k+2}$$

荷重項 C_{BC} は表 11.1 から

$$C_{BC}=-\frac{wl_1^2}{12}$$

$$\phi_B=\frac{wl_1^2}{12(k+2)}$$

8. ϕ, ψ を 5.のたわみ角式に代入し，材端モーメント，材端せん断力を求める．

$$M_{AB}=\phi_B=\frac{wl_1^2}{12(k+2)}, \qquad M_{BA}=2\phi_B=\frac{wl_1^2}{6(k+2)}$$

また，$M_{BC}=k\phi_B+C_{BC}$ であるから

$$M_{BC}=\frac{kwl_1^2}{12(k+2)}-\frac{wl_1^2}{12}=-\frac{wl_1^2}{6(k+2)}$$

これは，B 点での節点方程式 $M_{BA}+M_{BC}=0$ より

$$M_{BC}=-M_{BA}$$

であることを利用して検算できる．

また，材端せん断力は，公式（11-3）よりそれぞれ次のようになる．

$$S_{AB}=-\frac{M_{AB}+M_{BA}}{l_0}+S_{A0}=-\frac{\dfrac{wl_1^2}{12(k+2)}+\dfrac{wl_1^2}{6(k+2)}}{l_0}=-\frac{wl_1^2}{4(k+2)l_0}$$

$$S_{BA} = -\frac{M_{AB}+M_{BA}}{l_0} + S_{B0} = -\frac{wl_1^2}{4(k+2)l_0}$$

$$S_{BC} = -\frac{M_{BC}+M_{CB}}{l_1} + S_{B0} = +\frac{wl_1}{2}$$

9. 反力を求める：A点の反力は，図11.5の支点Aでの部材力と反力の釣合いから

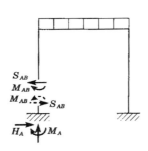

図11.5 支点Aの反力(1)

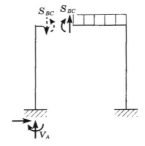

図11.6 支点Aの反力(2)

$$M_A = M_{AB} = \frac{wl_1^2}{12(k+2)}$$

$$H_A = -S_{AB} = \frac{wl_1^2}{4(k+2)l_0}$$

また，図11.6の力の釣合いから

$$V_A = S_{BC} = \frac{wl_1}{2}$$

となる．

10. せん断力図，曲げモーメント図を描く．

- せん断力図：ここでは正のせん断力を破線と反対側に描くものとする．材端せん断力を入れ，AB区間は荷重がなく，BC区間は等分布荷重であることに注意すると図11.7となる．

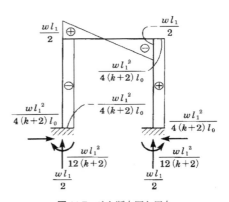

図11.7 せん断力図と反力

- 曲げモーメント図：材端モーメントを入れる（右側の材端モーメントの正の向きは曲げモーメントの正の向きと逆であることに注意）．部材中間の曲げモーメントは，材端モーメントに材端からの区間のせん断力図の面積を加えればよい．これを図 11.8 に示す．

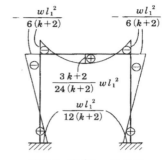

図 11.8 曲げモーメント図

[考察]

1) なぜ $\psi_{AB}=0$ なのか．ψ は回転角 R に $-6EK_0$ を掛けたものである．対称性を考えると各部材とも回転しないから $R=0$，つまり
$$\psi_{AB}=\psi_{BC}=\psi_{CD}=0$$

2) なぜ ϕ_A は 0，$\phi_C=-\phi_B$ なのか．ϕ_A は節点のたわみ角 θ に $2EK_0$ を掛けた値である．

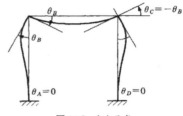

図 11.9 たわみ角

問題のラーメンに荷重がかかると，図 11.9 のように変形する．

A 端は固定端であるから，$\theta_A=0$ で，$\phi_A=0$ となる．

また，BC 部材をみると，左右対称な変形をすることから $\theta_C=-\theta_B$ が成り立ち，$\phi_C=-\phi_B$ となる．

3) 鉛直反力について

鉛直反力 (V_A, V_D) は図 11.6 のように考えたが，対称性からそれぞれ，全荷重の 1/2 と考えることもできる．

基本問題 2 図 11.10 のラーメンの曲げモーメント図を描きなさい．

たわみ角法では部材の伸縮が基本的に考慮されていない．このため，$\psi_{AB}=\psi_{BC}=0$．また，A, C 点は固定端であるため，$\phi_A=\phi_C=0$．そこで，たわみ角式は，次のようになる．

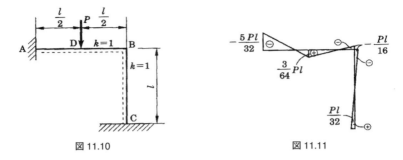

図 11.10　　　　図 11.11

$$M_{AB} = k_{AB}(2\phi_A + \phi_B + \psi_{AB}) + C_{AB} = \phi_B - \frac{Pl}{8}$$

$$M_{BA} = k_{AB}(\phi_A + 2\phi_B + \psi_{AB}) + C_{BA} = 2\phi_B + \frac{Pl}{8}$$

$$M_{BC} = k_{BC}(2\phi_B + \phi_C + \psi_{BC}) + C_{BC} = 2\phi_B$$

$$M_{CB} = k_{BC}(\phi_B + 2\phi_C + \psi_{BC}) + C_{CB} = \phi_B$$

B点で節点方程式をつくると，$M_{BA} + M_{BC} = 0$ から

$$2\phi_B + \frac{Pl}{8} + 2\phi_B = 0$$

$$\therefore \quad \phi_B = -\frac{Pl}{32}$$

これをたわみ角式に代入すると材端モーメントは次のようになる．

$$M_{AB} = -\frac{5Pl}{32}, \quad M_{BA} = \frac{Pl}{16}, \quad M_{BC} = -\frac{Pl}{16}, \quad M_{CB} = -\frac{Pl}{32}$$

これを使って曲げモーメント図を描くと図 11.11 となる．なお M_D は

$$M_D = \frac{1}{2}\left(-\frac{5Pl}{32} - \frac{Pl}{16}\right) + \frac{Pl}{4} = \frac{3Pl}{64}$$

基本問題 3　図 11.12 のラーメンの曲げモーメント図を描きなさい．

　このラーメンでは，A，D 点はヒンジなので，たわみ角式として式(11.2)を使うことに注意する．

　対称性から，$\psi_{AB} = \psi_{BC} = \psi_{CD} = 0$，また，$\phi_B = -\phi_C$ であるから，たわみ角式は次のようになる．

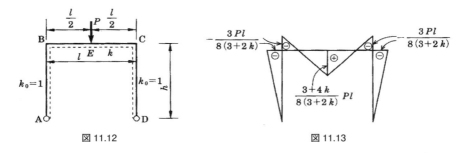

図 11.12　　　　　　　　　　　図 11.13

$$M_{BA} = \frac{1}{2}(3\phi_B + \psi_{AB}) + H_{BA} = \frac{3}{2}\phi_B$$

$$M_{BC} = k(2\phi_B + \phi_C + \psi_{BC}) + C_{BC} = k\phi_B - \frac{Pl}{8}$$

B 点で節点方程式をつくると，$M_{BA} + M_{BC} = 0$ から

$$\frac{3}{2}\phi_B + k\phi_B - \frac{Pl}{8} = 0 \quad \therefore \quad \phi_B = \frac{Pl}{4(3+2k)}$$

そこで

$$M_{BA} = \frac{3Pl}{8(3+2k)}$$

$$M_{BC} = -M_{BA} = \frac{-3Pl}{8(3+2k)}, \qquad M_E = M_{BC} + \frac{Pl}{4} = \frac{3+4k}{8(3+2k)}Pl$$

となり，曲げモーメント図は図 11.13 となる．

【応用問題】　1)～7)のラーメンのせん断力図，曲げモーメント図を描きなさい．

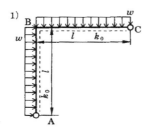

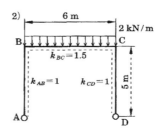

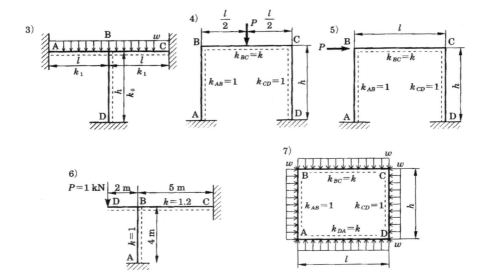

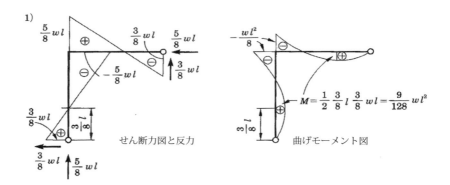

【応用問題解答】

11. たわみ角法　165

2)
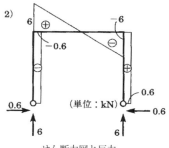

せん断力図と反力　　　　曲げモーメント図

3)
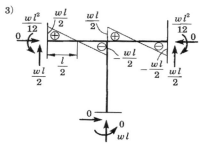
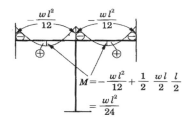

せん断力図と反力　　　　曲げモーメント図

4)
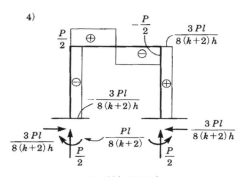
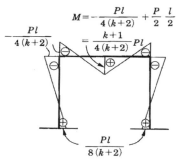

せん断力図と反力　　　　曲げモーメント図

5)

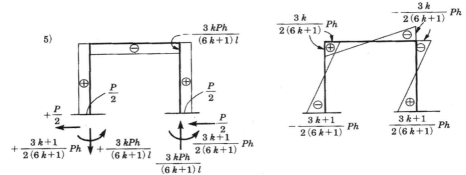

せん断力図と反力　　　　　曲げモーメント図

6)

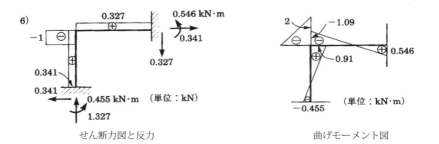

せん断力図と反力　　　　　曲げモーメント図

7)

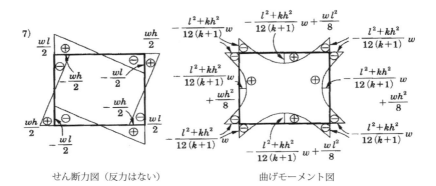

せん断力図（反力はない）　　曲げモーメント図

12. 剛性マトリックス法

公式

§1 トラスの剛性マトリックス

トラス部材の両端 i, j の全体座標系で表された座標値を，それぞれ $(\bar{x}_i, \bar{y}_i)$，$(\bar{x}_j, \bar{y}_j)$ とする．両端 i, j における全体座標系で表された水平力と垂直力をそれぞれ $\bar{X}_i, \bar{Y}_i, \bar{X}_j, \bar{Y}_j$ とする．これらの力に対応する水平変位，垂直変位をそれぞれ $\bar{u}_i, \bar{v}_i, \bar{u}_j, \bar{v}_j$ とする．部材のヤング係数，断面積，部材長をそれぞれ E, A, l とする．

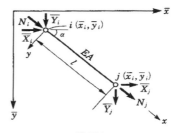

図 12.1

全体座標系で表された変位と力に関する剛性マトリックスは

$$\begin{Bmatrix} \bar{X}_i \\ \bar{Y}_i \\ \bar{X}_j \\ \bar{Y}_j \end{Bmatrix} = \frac{EA}{l} \begin{bmatrix} \lambda^2 & \lambda\mu & -\lambda^2 & -\lambda\mu \\ \lambda\mu & \mu^2 & -\lambda\mu & -\mu^2 \\ -\lambda^2 & -\lambda\mu & \lambda^2 & \lambda\mu \\ -\lambda\mu & -\mu^2 & \lambda\mu & \mu^2 \end{bmatrix} \begin{Bmatrix} \bar{u}_i \\ \bar{v}_i \\ \bar{u}_j \\ \bar{v}_j \end{Bmatrix} \quad (12\text{-}1)$$

ここで，$\lambda = \cos a = \dfrac{\bar{x}_j - \bar{x}_i}{l}$, $\mu = \sin a = \dfrac{\bar{y}_j - \bar{y}_i}{l}$, $l = \sqrt{(\bar{x}_j - \bar{x}_i)^2 + (\bar{y}_j - \bar{y}_i)^2}$

トラスの部材力を計算する式は

$$N_{ij} = N_j = \frac{EA}{l}\left[(\bar{u}_j - \bar{u}_i)\lambda + (\bar{v}_j - \bar{v}_i)\mu\right] \quad (12\text{-}2)$$

§2 梁の剛性マトリックス

梁部材の両端 i, j におけるせん断力と曲げモーメントをそれぞれ Y_i, M_i, Y_j, M_j とする．これらのせん断力と曲げモーメントに対応する変位とたわみ角を

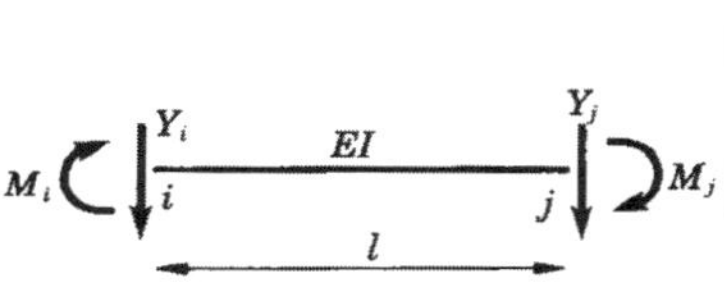

図 12.2

それぞれ v_i, θ_i, v_j, θ_j とする．部材のヤング係数，断面2次モーメント，部材長をそれぞれ E, I, l とする．

変位と力に関する剛性マトリックスは

$$\begin{Bmatrix} Y_i \\ M_i \\ Y_j \\ M_j \end{Bmatrix} = EI \begin{bmatrix} \dfrac{12}{l^3} & \dfrac{6}{l^2} & -\dfrac{12}{l^3} & \dfrac{6}{l^2} \\ \dfrac{6}{l^2} & \dfrac{4}{l} & -\dfrac{6}{l^2} & \dfrac{2}{l} \\ -\dfrac{12}{l^3} & -\dfrac{6}{l^2} & \dfrac{12}{l^3} & -\dfrac{6}{l^2} \\ \dfrac{6}{l^2} & \dfrac{2}{l} & -\dfrac{6}{l^2} & \dfrac{4}{l} \end{bmatrix} \begin{Bmatrix} v_i \\ \theta_i \\ v_j \\ \theta_j \end{Bmatrix} \qquad (12\text{-}3)$$

§3 ラーメンの剛性マトリックス

ラーメン部材の両端 i, j の全体座標系での座標値を，それぞれ $(\bar{x}_i, \bar{y}_i)$ $(\bar{x}_j, \bar{y}_j)$ とする．両端 i, j における全体座標系で表された水平力，垂直力，曲げモーメントをそれぞれ $\bar{X}_i$, $\bar{Y}_i$, $\bar{M}_i$, $\bar{X}_j$, $\bar{Y}_j$, $\bar{M}_j$ とする．これらの力に対応する変位とたわみ角を，それぞ

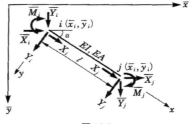

図12.3

れ $\bar{u}_i$, $\bar{v}_i$, $\bar{\theta}_i$, $\bar{u}_j$, $\bar{v}_j$, $\bar{\theta}_j$, とする．部材のヤング係数，断面2次モーメント，断面積をそれぞれ E, I, A とし，部材長を l とする．局所座標系で表された両端 i, j の水平力，垂直力，曲げモーメントをそれぞれ X_i, Y_i, M_i, X_j, Y_j, M_j, とする．

全体座標系で表された変位と力に関する剛性マトリックスは

$$\begin{Bmatrix} \bar{X}_i \\ \bar{Y}_i \\ \bar{M}_i \\ \bar{X}_j \\ \bar{Y}_j \\ \bar{M}_j \end{Bmatrix} = \begin{pmatrix} (\lambda^2 H+\mu^2 B) & \lambda\mu(H-B) & -\mu C & -(\lambda^2 H+\mu^2 B) & \lambda\mu(-H+B) & -\mu C \\ \lambda\mu(H-B) & (\mu^2 H+\lambda^2 B) & \lambda C & \lambda\mu(-H+B) & -(\mu^2 H+\lambda^2 B) & \lambda C \\ -\mu C & \lambda C & 2D & \mu C & -\lambda C & D \\ -(\lambda^2 H+\mu^2 B) & \lambda\mu(-H+B) & \mu C & (\lambda^2 H+\mu^2 B) & \lambda\mu(H-B) & \mu C \\ \lambda\mu(-H+B) & -(\mu^2 H+\lambda^2 B) & -\lambda C & \lambda\mu(H-B) & (\mu^2 H+\lambda^2 B) & -\lambda C \\ -\mu C & \lambda C & D & \mu C & -\lambda C & 2D \end{pmatrix} \begin{Bmatrix} \bar{u}_i \\ \bar{v}_i \\ \bar{\theta}_i \\ \bar{u}_j \\ \bar{v}_j \\ \bar{\theta}_j \end{Bmatrix}$$

$$(12\text{-}4)$$

ここで

$$\lambda = \cos a = \frac{\bar{x}_j - \bar{x}_i}{l}, \qquad \mu = \sin a = \frac{\bar{y}_j - \bar{y}_i}{l}$$

$$l = \sqrt{(\bar{x}_j - \bar{x}_i)^2 + (\bar{y}_j - \bar{y}_i)^2}$$

$$H = \frac{EA}{l}, \qquad B = \frac{12EI}{l^3}, \qquad C = \frac{6EI}{l^2}, \qquad D = \frac{2EI}{l}$$

全体座標系で表された変位からラーメンの部材力を与える応力マトリックスは

$$\begin{Bmatrix} X_i \\ Y_i \\ M_i \\ X_j \\ Y_j \\ M_j \end{Bmatrix} = \begin{bmatrix} \lambda H & \mu H & 0 & -\lambda H & -\mu H & 0 \\ -\mu B & \lambda B & C & \mu B & -\lambda B & C \\ -\mu C & \lambda C & 2D & \mu C & -\lambda C & D \\ -\lambda H & -\mu H & 0 & \lambda H & \mu H & 0 \\ \mu B & -\lambda B & -C & -\mu B & \lambda B & -C \\ -\mu C & \lambda C & 2D & \mu C & -\lambda C & 2D \end{bmatrix} \begin{Bmatrix} \bar{u}_i \\ \bar{v}_i \\ \bar{\theta}_i \\ \bar{u}_j \\ \bar{v}_j \\ \bar{\theta}_j \end{Bmatrix}$$

(12-5)

基本問題1 図12.4のような不静定トラスの節点変位を求め, 部材力を計算せよ. ただし, すべての部材の $EA = 10^2$ kN とする.

[解答] 表12.1のように, まず各節点の座標から λ, μ を計算する.

部材 AB の剛性マトリックスは

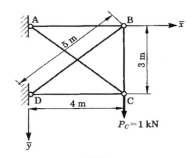

図2.4

表12.1

部材	i	j	$\bar{x}_i$	$\bar{y}_i$	$\bar{x}_j$	$\bar{y}_j$	$\bar{x}_j - \bar{x}_i$	$\bar{y}_j - \bar{y}_i$	l	λ	μ
AB	A	B	0	0	4	0	4	0	4	1	0
BC	B	C	4	0	4	3	0	3	3	0	1
DC	D	C	0	3	4	3	4	0	4	1	0
AC	A	C	0	0	4	3	4	3	5	0.8	0.6
DB	D	B	0	3	4	0	4	-3	5	0.8	-0.6

$$\left\{\begin{array}{c}\overline{X}_A\\ \overline{Y}_A\\ \overline{X}_B\\ \overline{Y}_B\end{array}\right\}=10^2\begin{bmatrix}0.25 & 0 & -0.25 & 0\\ 0 & 0 & 0 & 0\\ -0.25 & 0 & 0.25 & 0\\ 0 & 0 & 0 & 0\end{bmatrix}\left\{\begin{array}{c}\bar{u}_A\\ \bar{v}_A\\ \bar{u}_B\\ \bar{v}_B\end{array}\right\} \quad (1)$$

部材 BC の剛性マトリックスは

$$\left\{\begin{array}{c}\overline{X}_B\\ \overline{Y}_B\\ \overline{X}_C\\ \overline{Y}_C\end{array}\right\}=10^2\begin{bmatrix}0 & 0 & 0 & 0\\ 0 & 0.3333 & 0 & -0.3333\\ 0 & 0 & 0 & 0\\ 0 & -0.3333 & 0 & 0.3333\end{bmatrix}\left\{\begin{array}{c}\bar{u}_B\\ \bar{v}_B\\ \bar{u}_C\\ \bar{v}_C\end{array}\right\} \quad (2)$$

部材 DC の剛征マトリックスは

$$\left\{\begin{array}{c}\overline{X}_D\\ \overline{Y}_D\\ \overline{X}_C\\ \overline{Y}_C\end{array}\right\}=10^2\begin{bmatrix}0.25 & 0 & -0.25 & 0\\ 0 & 0 & 0 & 0\\ -0.25 & 0 & 0.25 & 0\\ 0 & 0 & 0 & 0\end{bmatrix}\left\{\begin{array}{c}\bar{u}_D\\ \bar{v}_D\\ \bar{u}_C\\ \bar{v}_C\end{array}\right\} \quad (3)$$

部材 AC の剛征マトリックスは

$$\left\{\begin{array}{c}\overline{X}_A\\ \overline{Y}_A\\ \overline{X}_C\\ \overline{Y}_C\end{array}\right\}=10^2\begin{bmatrix}0.128 & 0.096 & -0.128 & -0.096\\ 0.096 & 0.072 & -0.096 & -0.072\\ -0.128 & -0.096 & 0.128 & 0.096\\ -0.096 & -0.072 & 0.096 & 0.072\end{bmatrix}\left\{\begin{array}{c}\bar{u}_A\\ \bar{v}_A\\ \bar{u}_C\\ \bar{v}_C\end{array}\right\} \quad (4)$$

部材 DB の剛征マトリックスは

$$\left\{\begin{array}{c}\overline{X}_D\\ \overline{Y}_D\\ \overline{X}_B\\ \overline{Y}_B\end{array}\right\}=10^2\begin{bmatrix}0.128 & -0.096 & -0.128 & 0.096\\ -0.096 & 0.072 & 0.096 & -0.072\\ -0.128 & 0.096 & 0.128 & -0.096\\ 0.096 & -0.072 & -0.096 & 0.072\end{bmatrix}\left\{\begin{array}{c}\bar{u}_D\\ \bar{v}_D\\ \bar{u}_B\\ \bar{v}_B\end{array}\right\} \quad (5)$$

マトリックスの重ね合せをする際に，例として節点 B における力の釣合いについて説明する．$\overline{X}_B^{AB}$ を部材 AB の右端 B の $\bar{x}$ 方向の力，$\overline{X}_B^{BC}$ を部材 BC の右端 B の $\bar{x}$ 方向の力，$\overline{X}_B^{DB}$ を部材 DB の左端 B の $\bar{x}$ 方向の力とする．

いま B 点付近で力の釣合いを考えると，式(1)，(2)，(5)より

$$Q_B=\sum \overline{X}_B=\overline{X}_B^{AB}+\overline{X}_B^{BC}+\overline{X}_B^{DB}$$
$$=10^2(-0.25\bar{u}_A+0\bar{v}_A+0.25\bar{u}_B+0\bar{v}_B)+10^2(0\bar{u}_B+0\bar{v}_B+0\bar{u}_C+0\bar{v}_C)$$

$$
\begin{aligned}
&+10^2(-0.128\bar{u}_D+0.096\bar{v}_D\\
&\quad+0.128\bar{u}_B-0.096\bar{v}_B)\\
&=10^2(-0.25\bar{u}_A+0\bar{v}_A+0.378\bar{u}_B\\
&\quad-0.096\bar{v}_B+0\bar{u}_C+0\bar{v}_C\\
&\quad-0.128\bar{u}_D+0.096\bar{v}_D)
\end{aligned}
$$

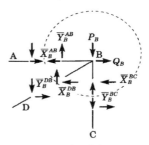

図12.5 力の釣合い図

これは個々の剛性マトリックスの対応する要素を重ね合せて（たとえば$\sum \bar{X}_B$の場合，$\bar{u}_B$の係数は式(1)，(2)，(5)からそれぞれ与えられ，それらを合計する），全体の剛性マトリックスをつくることであり，これが力の釣合いを考慮することになる．その際，剛性マトリックスの力の向きは水平力は右向き，垂直力は下向きを正としているが，$\sum \bar{X}$に対応する外力もそのとおりの向きで考えて$\sum \bar{X}=Q$としてよい（$\bar{y}$方向の力$\bar{Y}$についても同様であるが省略する）．

したがって

$$
\begin{Bmatrix} Q_A \\ P_A \\ Q_B \\ P_B \\ Q_C \\ P_C \\ Q_D \\ P_D \end{Bmatrix} = 10^2 \begin{bmatrix} 0.378 & 0.096 & -0.25 & 0 & -0.128 & -0.096 & 0 & 0 \\ 0.096 & 0.072 & 0 & 0 & -0.096 & -0.072 & 0 & 0 \\ -0.25 & 0 & 0.378 & -0.096 & 0 & 0 & -0.128 & 0.096 \\ 0 & 0 & -0.096 & 0.4053 & 0 & -0.333 & 0.096 & -0.072 \\ -0.128 & -0.096 & 0 & 0 & 0.378 & 0.096 & -0.25 & 0 \\ -0.096 & -0.072 & 0 & -0.3333 & 0.096 & 0.4053 & 0 & 0 \\ 0 & 0 & -0.128 & 0.096 & -0.25 & 0 & 0.378 & -0.096 \\ 0 & 0 & 0.096 & -0.072 & 0 & 0 & -0.096 & 0.072 \end{bmatrix} \begin{Bmatrix} \bar{u}_A \\ \bar{v}_A \\ \bar{u}_B \\ \bar{v}_B \\ \bar{u}_C \\ \bar{v}_C \\ \bar{u}_D \\ \bar{v}_D \end{Bmatrix}
$$

ここで，A点とD点は回転支承だから，$\bar{u}_A=\bar{v}_A=\bar{u}_D=\bar{v}_D=0$である．したがって，上の全体の剛性マトリックスの第1列，第2列，第7列，第8列はなくてもよいので，取り去る．

さらにその8行4列のマトリックスを，以下のように，左辺が既知である行と未知である行の2つのマトリックスに分けると

$$
\begin{Bmatrix} Q_B \\ P_B \\ Q_C \\ P_C \end{Bmatrix} = 10^2 \begin{bmatrix} 0.378 & -0.096 & 0 & 0 \\ -0.096 & 0.4053 & 0 & -0.3333 \\ 0 & 0 & 0.378 & 0.096 \\ 0 & -0.3333 & 0.096 & 0.4053 \end{bmatrix} \begin{Bmatrix} \bar{u}_B \\ \bar{v}_B \\ \bar{u}_C \\ \bar{v}_C \end{Bmatrix} \quad (6)
$$

$$\begin{Bmatrix} Q_A \\ P_A \\ Q_D \\ P_D \end{Bmatrix} = 10^2 \begin{bmatrix} -0.25 & 0 & -0.128 & -0.096 \\ 0 & 0 & -0.096 & -0.072 \\ -0.128 & 0.096 & -0.25 & 0 \\ 0.096 & -0.072 & 0 & 0 \end{bmatrix} \begin{Bmatrix} \bar{u}_B \\ \bar{v}_B \\ \bar{u}_C \\ \bar{v}_C \end{Bmatrix} \qquad (7)$$

式(6)において $Q_B = P_B = Q_C = 0$, $P_C = 1\,\mathrm{kN}$ を与えると

$\bar{u}_B = 2.4889 \times 10^{-2}\,\mathrm{m}$, $\bar{v}_B = 9.8000 \times 10^{-2}\,\mathrm{m}$

$\bar{u}_C = -2.8444 \times 10^{-2}\,\mathrm{m}$, $\bar{v}_C = 11.2000 \times 10^{-2}\,\mathrm{m}$

となる.これらの変位を式(7)に代入すると支点反力 Q_A, P_A, Q_D, P_D が求められる.

$Q_A = -1.3333\,\mathrm{kN}$, $P_A = -0.5333\,\mathrm{kN}$

$Q_D = 1.3333\,\mathrm{kN}$, $P_D = -0.4667\,\mathrm{kN}$

次に,得られた変位を公式(12-2)に代入して,部材力を計算する.

部材 AB では $i = A$, $j = B$ から

$\bar{u}_j = \bar{u}_B = 2.4889 \times 10^{-2}\,\mathrm{m}$, $\bar{u}_i = \bar{u}_A = 0$

$\bar{v}_j = \bar{v}_B = 9.8000 \times 10^{-2}\,\mathrm{m}$, $\bar{v}_i = \bar{v}_A = 0$

であって

$$N_{AB} = \frac{10^2}{4}\left[(2.4889 \times 10^{-2} - 0) \times 1 + (9.8000 \times 10^{-2} - 0) \times 0\right]$$

$= 0.6222\,\mathrm{kN}$

以下同様に

$N_{BC} = 0.4667\,\mathrm{kN}$

$N_{DC} = -0.7111\,\mathrm{kN}$

$N_{AC} = 0.8889\,\mathrm{kN}$

$N_{DB} = -0.7778\,\mathrm{kN}$

結果をまとめると図 12.6 のようになる.負の軸力は圧縮力を意味する.

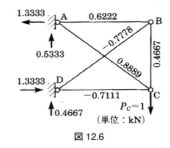

図 12.6

基本問題 2 図 12.7 のような連続梁の節点変位を求め,曲げモーメント図,せん断力図を描け.ただし,$EI = 10^3\,\mathrm{kN \cdot m^2}$ とする.

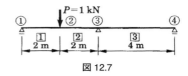

図 12.7

[**解答**]　部材①の剛性マトリックスは

$$\begin{Bmatrix} Y_1 \\ M_1 \\ Y_2 \\ M_2 \end{Bmatrix} = 10^3 \begin{bmatrix} 1.5 & 1.5 & -1.5 & 1.5 \\ 1.5 & 2 & -1.5 & 1 \\ -1.5 & -1.5 & 1.5 & -1.5 \\ 1.5 & 1 & -1.5 & 2 \end{bmatrix} \begin{Bmatrix} v_1 \\ \theta_1 \\ v_2 \\ \theta_2 \end{Bmatrix} \quad (1)$$

部材②の剛性マトリックスは

$$\begin{Bmatrix} Y_2 \\ M_2 \\ Y_3 \\ M_3 \end{Bmatrix} = 10^3 \begin{bmatrix} 1.5 & 1.5 & -1.5 & 1.5 \\ 1.5 & 2 & -1.5 & 1 \\ -1.5 & -1.5 & 1.5 & -1.5 \\ 1.5 & 1 & -1.5 & 2 \end{bmatrix} \begin{Bmatrix} v_2 \\ \theta_2 \\ v_3 \\ \theta_3 \end{Bmatrix} \quad (2)$$

部材③の剛性マトリックスは

$$\begin{Bmatrix} Y_3 \\ M_3 \\ Y_4 \\ M_4 \end{Bmatrix} = 10^3 \begin{bmatrix} 0.1875 & 0.375 & -0.1875 & 0.375 \\ 0.375 & 1 & -0.375 & 0.5 \\ -0.1875 & -0.375 & 0.1875 & -0.375 \\ 0.375 & 0.5 & -0.375 & 1 \end{bmatrix} \begin{Bmatrix} v_3 \\ \theta_3 \\ v_4 \\ \theta_4 \end{Bmatrix} \quad (3)$$

以上の3つの剛性マトリックスを重ね合せる．これは各節点において，部材力，外力と反力の間の釣合い条件を考えることである．

外力は，$\sum M_1 = 0$，$\sum Y_2 = 1\,\text{kN}$，$\sum M_2 = 0$，$\sum M_3 = 0$，$\sum M_4 = 0$ が既知である（$\sum Y_1$，$\sum Y_3$，$\sum Y_4$，は未知反力）．したがって

$$\begin{Bmatrix} \sum Y_1 \\ 0 \\ 1 \\ 0 \\ \sum Y_3 \\ 0 \\ \sum Y_4 \\ 0 \end{Bmatrix} = 10^3 \begin{bmatrix} 1.5 & 1.5 & -1.5 & 1.5 & 0 & 0 & 0 & 0 \\ 1.5 & 2 & -1.5 & 1 & 0 & 0 & 0 & 0 \\ -1.5 & -1.5 & 3 & 0 & -1.5 & 1.5 & 0 & 0 \\ 1.5 & 1 & 0 & 4 & -1.5 & 1 & 0 & 0 \\ 0 & 0 & -1.5 & -1.5 & 1.6875 & -1.125 & -0.1875 & 0.375 \\ 0 & 0 & 1.5 & 1 & -1.125 & 3 & -0.375 & 0.5 \\ 0 & 0 & 0 & 0 & -0.1875 & -0.375 & 0.1875 & -0.375 \\ 0 & 0 & 0 & 0 & 0.375 & 0.5 & -0.375 & 2 \end{bmatrix} \begin{Bmatrix} v_1 \\ \theta_1 \\ v_2 \\ \theta_2 \\ v_3 \\ \theta_3 \\ v_4 \\ \theta_4 \end{Bmatrix}$$

ここで支承条件は，$v_1 = v_3 = v_4 = 0$ だから，マトリックスの第1列，第5列，第7列はなくてもよいので取り去る．

さらに，以下のように左辺が既知のものと未知のもの（反力）の2つに分ける．

$$\begin{Bmatrix} 0 \\ 1 \\ 0 \\ 0 \\ 0 \end{Bmatrix} = 10^3 \begin{bmatrix} 2 & -1.5 & 1 & 0 & 0 \\ -1.5 & 3 & 0 & 1.5 & 0 \\ 1 & 0 & 4 & 1 & 0 \\ 0 & 1.5 & 1 & 3 & 0.5 \\ 0 & 0 & 0 & 0.5 & 1 \end{bmatrix} \begin{Bmatrix} \theta_1 \\ v_2 \\ \theta_2 \\ \theta_3 \\ \theta_4 \end{Bmatrix} \quad (4)$$

$$\begin{Bmatrix} \sum Y_1 \\ \sum Y_3 \\ \sum Y_4 \end{Bmatrix} = 10^3 \begin{bmatrix} 1.5 & -1.5 & 1.5 & 0 & 0 \\ 0 & -1.5 & -1.5 & -1.125 & 0.375 \\ 0 & 0 & 0 & -0.375 & -0.375 \end{bmatrix} \begin{Bmatrix} \theta_1 \\ v_2 \\ \theta_2 \\ \theta_3 \\ \theta_4 \end{Bmatrix} \quad (5)$$

式(4)から，未知変位と未知たわみ角が

$\theta_1 = 0.7500 \times 10^{-3}, \quad v_2 = 0.9583 \times 10^{-3} \text{ m}, \quad \theta_2 = -0.0625 \times 10^{-3},$
$\theta_3 = -0.5000 \times 10^{-3}, \quad \theta_4 = 0.2500 \times 10^{-3}$

と求められる．式(5)にそれらの値を代入すると

$\sum Y_1 = R_1 = -0.4062 \text{ kN}, \quad \sum Y_3 = R_3 = -0.6875 \text{ kN},$
$\sum Y_4 = R_4 = 0.0937 \text{ kN}$

部材①の部材力は，式(1)より

$$\begin{Bmatrix} Y_1 \\ M_1 \\ Y_2 \\ M_2 \end{Bmatrix} = 10^3 \begin{bmatrix} 1.5 & 1.5 & -1.5 & 1.5 \\ 1.5 & 2 & -1.5 & 1 \\ -1.5 & -1.5 & 1.5 & -1.5 \\ 1.5 & 1 & -1.5 & 2 \end{bmatrix} \begin{Bmatrix} 0 \\ 0.7500 \times 10^{-3} \\ 0.9583 \times 10^{-3} \\ -0.0625 \times 10^{-3} \end{Bmatrix} - \begin{Bmatrix} -0.4062 \\ 0 \\ 0.4062 \\ -0.8125 \end{Bmatrix}$$

部材②，③の部材力は式(2)，(3)より

$$\begin{Bmatrix} Y_2 \\ M_2 \\ Y_3 \\ M_3 \end{Bmatrix} = \begin{Bmatrix} 0.5937 \\ 0.8125 \\ -0.5937 \\ 0.3750 \end{Bmatrix}$$

$$\begin{Bmatrix} Y_3 \\ M_3 \\ Y_4 \\ M_4 \end{Bmatrix} = \begin{Bmatrix} -0.0937 \\ -0.3750 \\ 0.0937 \\ 0 \end{Bmatrix}$$

したがって梁全体について整理するとせん断力図は図 12.8 となり，曲げモーメント図は図 12.9 になる（剛性マトリックスの定義と従来の力や曲げモーメントの定義を比較して，符号は，せん断力は部材の右端 Y_j の符号を，曲げモーメントは部材の左端 M_i の符号をとる）．また反力図を図 12.10 に示す．

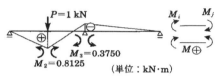

図 12.8　せん断力図

図 12.9　曲げモーメント図

図 12.10　反力図

基本問題 3　図 12.11 のような門形ラーメンの節点変位を求め，曲げモーメント図，せん断力図，軸力図を描け．ただし，すべての部材について，$I=2\times 10^{-3}\,\mathrm{m}^4$，$A=0.2\,\mathrm{m}^2$，$E=10^6\,\mathrm{kN/m^2}$ とする．

[解答]　表 12.2 のように λ，μ を計算する．

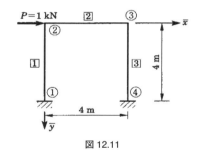

図 12.11

表 12.2

部材	i	j	$\bar{x}_i$	$\bar{y}_i$	$\bar{x}_j$	$\bar{y}_j$	$\bar{x}_j-\bar{x}_i$	$\bar{y}_j-\bar{y}_i$	l	λ	μ
AB	A	B	0	0	4	0	4	0	4	1	0
BC	B	C	4	0	4	3	0	3	3	0	1
DC	D	C	0	3	4	3	4	0	4	1	0
AC	A	C	0	0	4	3	4	3	5	0.8	0.6
DB	D	B	0	3	4	0	4	-3	5	0.8	-0.6

部材 ① の剛性マトリックスは

$$\begin{Bmatrix} \overline{X}_1 \\ \overline{Y}_1 \\ \overline{M}_1 \\ \overline{X}_2 \\ \overline{Y}_2 \\ \overline{M}_2 \end{Bmatrix} = \begin{bmatrix} 375 & 0 & 750 & -375 & 0 & 750 \\ 0 & 50\,000 & 0 & 0 & -50\,000 & 0 \\ 750 & 0 & 2\,000 & -750 & 0 & 1\,000 \\ -375 & 0 & -750 & 375 & 0 & -750 \\ 0 & -50\,000 & 0 & 0 & 50\,000 & 0 \\ 750 & 0 & 1\,000 & -750 & 0 & 2\,000 \end{bmatrix} \begin{Bmatrix} \bar{u}_1 \\ \bar{v}_1 \\ \bar{\theta}_1 \\ \bar{u}_2 \\ \bar{v}_2 \\ \bar{\theta}_2 \end{Bmatrix} \quad (1)$$

部材②の剛性マトリックスは

$$\begin{Bmatrix} \overline{X}_2 \\ \overline{Y}_2 \\ \overline{M}_2 \\ \overline{X}_3 \\ \overline{Y}_3 \\ \overline{M}_3 \end{Bmatrix} = \begin{bmatrix} 50\,000 & 0 & 0 & -50\,000 & 0 & 0 \\ 0 & 375 & 750 & 0 & -375 & 750 \\ 0 & 750 & 2\,000 & 0 & -750 & 1\,000 \\ -50\,000 & 0 & 0 & 50\,000 & 0 & 0 \\ 0 & -375 & -750 & 0 & 375 & -750 \\ 0 & 750 & 1\,000 & 0 & -750 & 2\,000 \end{bmatrix} \begin{Bmatrix} \overline{u}_2 \\ \overline{v}_2 \\ \overline{\theta}_2 \\ \overline{u}_3 \\ \overline{v}_3 \\ \overline{\theta}_3 \end{Bmatrix} \quad (2)$$

部材③の剛性マトリックスは

$$\begin{Bmatrix} \overline{X}_3 \\ \overline{Y}_3 \\ \overline{M}_3 \\ \overline{X}_4 \\ \overline{Y}_4 \\ \overline{M}_4 \end{Bmatrix} = \begin{bmatrix} 375 & 0 & -750 & -375 & 0 & -750 \\ 0 & 50\,000 & 0 & 0 & -50\,000 & 0 \\ -750 & 0 & 2\,000 & 750 & 0 & 1\,000 \\ -375 & 0 & 750 & 375 & 0 & 750 \\ 0 & -50\,000 & 0 & 0 & 50\,000 & 0 \\ -750 & 0 & 1\,000 & 750 & 0 & 2\,000 \end{bmatrix} \begin{Bmatrix} \overline{u}_3 \\ \overline{v}_3 \\ \overline{\theta}_3 \\ \overline{u}_4 \\ \overline{v}_4 \\ \overline{\theta}_4 \end{Bmatrix} \quad (3)$$

以上の3つの剛性マトリックスを重ね合せる．つまり各節点において部材力，外力と反力の間の釣合い条件を考えることである．

その結果，次のマトリックス式(4)が得られる．

$$\begin{Bmatrix} \sum \overline{X}_1 \\ \sum \overline{Y}_1 \\ \sum \overline{M}_1 \\ \sum \overline{X}_2 \\ \sum \overline{Y}_2 \\ \sum \overline{M}_2 \\ \sum \overline{X}_3 \\ \sum \overline{Y}_3 \\ \sum \overline{M}_3 \\ \sum \overline{X}_4 \\ \sum \overline{Y}_4 \\ \sum \overline{M}_4 \end{Bmatrix} = \begin{bmatrix} 375 & 0 & 750 & -375 & 0 & 750 & 0 & 0 & 0 & 0 & 0 & 0 \\ 0 & 50\,000 & 0 & 0 & -50\,000 & 0 & 0 & 0 & 0 & 0 & 0 & 0 \\ 750 & 0 & 2\,000 & -750 & 0 & 1\,000 & 0 & 0 & 0 & 0 & 0 & 0 \\ -375 & 0 & -750 & 50\,375 & 0 & -750 & -50\,000 & 0 & 0 & 0 & 0 & 0 \\ 0 & -50\,000 & 0 & 0 & 50\,375 & 750 & 0 & -375 & 750 & 0 & 0 & 0 \\ 750 & 0 & 1\,000 & -750 & 750 & 4\,000 & 0 & -750 & 1\,000 & 0 & 0 & 0 \\ 0 & 0 & 0 & -50\,000 & 0 & 0 & 50\,375 & 0 & -750 & -375 & 0 & -750 \\ 0 & 0 & 0 & 0 & -375 & -750 & 0 & 50\,375 & -750 & 0 & -50\,000 & 0 \\ 0 & 0 & 0 & 0 & 750 & 1\,000 & -750 & -750 & 4\,000 & 750 & 0 & 1\,000 \\ 0 & 0 & 0 & 0 & 0 & 0 & -375 & 0 & 750 & 375 & 0 & 750 \\ 0 & 0 & 0 & 0 & 0 & 0 & 0 & -50\,000 & 0 & 0 & 50\,000 & 0 \\ 0 & 0 & 0 & 0 & 0 & 0 & -750 & 0 & 1\,000 & 750 & 0 & 2\,000 \end{bmatrix} \begin{Bmatrix} \overline{u}_1 \\ \overline{v}_1 \\ \overline{\theta}_1 \\ \overline{u}_2 \\ \overline{v}_2 \\ \overline{\theta}_2 \\ \overline{u}_3 \\ \overline{v}_3 \\ \overline{\theta}_3 \\ \overline{u}_4 \\ \overline{v}_4 \\ \overline{\theta}_4 \end{Bmatrix}$$

(4)

支承条件 $\overline{u}_1 = \overline{v}_1 = \overline{\theta}_1 = 0$, $\overline{u}_4 = \overline{v}_4 = \overline{\theta}_4 = 0$ より第1，2，3，10，11，12列はなくてもよいので取り去る．

さらにその 12 行 6 列のマトリックスを，以下のように，左辺が既知である行と未知である行の 2 つのマトリックスに分けると

$$\begin{Bmatrix} \sum \overline{X}_2 \\ \sum \overline{Y}_2 \\ \sum \overline{M}_2 \\ \sum \overline{X}_3 \\ \sum \overline{Y}_3 \\ \sum \overline{M}_3 \end{Bmatrix} = \begin{bmatrix} 50\,375 & 0 & -750 & -50\,000 & 0 & 0 \\ 0 & 50\,375 & 750 & 0 & -375 & 750 \\ -750 & 750 & 4\,000 & 0 & -750 & 1\,000 \\ -50\,000 & 0 & 0 & 50\,375 & 0 & -750 \\ 0 & -375 & -750 & 0 & 50\,375 & -750 \\ 0 & 750 & 1\,000 & -750 & -750 & 4\,000 \end{bmatrix} \begin{Bmatrix} \bar{u}_2 \\ \bar{v}_2 \\ \bar{\theta}_2 \\ \bar{u}_3 \\ \bar{v}_3 \\ \bar{\theta}_3 \end{Bmatrix} \quad (5)$$

$$\begin{Bmatrix} \sum \overline{X}_1 \\ \sum \overline{Y}_1 \\ \sum \overline{M}_1 \\ \sum \overline{X}_4 \\ \sum \overline{Y}_4 \\ \sum \overline{M}_4 \end{Bmatrix} = \begin{bmatrix} -375 & 0 & 750 & 0 & 0 & 0 \\ 0 & -50\,000 & 0 & 0 & 0 & 0 \\ -750 & 0 & 1\,000 & 0 & 0 & 0 \\ 0 & 0 & 0 & -375 & 0 & 750 \\ 0 & 0 & 0 & 0 & -50\,000 & 0 \\ 0 & 0 & 0 & -750 & 0 & 1\,000 \end{bmatrix} \begin{Bmatrix} \bar{u}_2 \\ \bar{v}_2 \\ \bar{\theta}_2 \\ \bar{u}_3 \\ \bar{v}_3 \\ \bar{\theta}_3 \end{Bmatrix} \quad (6)$$

となる．式(5)において外力として $\sum \overline{X}_2 = 1\,\mathrm{kN}$ と $\sum \overline{Y}_2 = \sum \overline{M}_2 = \sum \overline{X}_3 = \sum \overline{Y}_3 = \sum \overline{M}_3 = 0$ を与えると

$$\bar{u}_2 = 1.9171 \times 10^{-3}\,\mathrm{m}, \quad \bar{v}_2 = -8.5531 \times 10^{-6}\,\mathrm{m}, \quad \bar{\theta}_2 = 2.9063 \times 10^{-4}$$
$$\bar{u}_3 = 1.9071 \times 10^{-3}\,\mathrm{m}, \quad \bar{v}_3 = 8.5531 \times 10^{-6}\,\mathrm{m}, \quad \bar{\theta}_3 = 2.8813 \times 10^{-4}$$

が求められる．

これらの変位を各部材の応力マトリックスに代入すると，各部材端の力，つまり断面力を得る．

公式(12-5)から，部材①の応力マトリックスを用いると

$$\begin{Bmatrix} X_1 \\ Y_1 \\ M_1 \\ X_2 \\ Y_2 \\ M_2 \end{Bmatrix} = \begin{bmatrix} 0 & -50\,000 & 0 & 0 & 50\,000 & 0 \\ 375 & 0 & 750 & -375 & 0 & 750 \\ 750 & 0 & 2\,000 & -750 & 0 & 1\,000 \\ 0 & 50\,000 & 0 & 0 & -50\,000 & 0 \\ -375 & 0 & -750 & 375 & 0 & -750 \\ 750 & 0 & 1\,000 & -750 & 0 & 2\,000 \end{bmatrix} \begin{Bmatrix} 0 \\ 0 \\ 0 \\ 1.9171 \times 10^{-3} \\ -8.5531 \times 10^{-6} \\ 2.9063 \times 10^{-4} \end{Bmatrix}$$

$$= \begin{Bmatrix} -0.42766 \\ -0.50094 \\ -1.1472 \\ 0.42766 \\ 0.50094 \\ -0.85656 \end{Bmatrix}$$

同様に部材②,③の応力マトリックスを用いると

$$\begin{Bmatrix} X_2 \\ Y_2 \\ M_2 \\ X_3 \\ Y_3 \\ M_3 \end{Bmatrix} = \begin{Bmatrix} 0.49906 \\ 0.42766 \\ 0.85656 \\ -0.49906 \\ -0.42766 \\ 0.85407 \end{Bmatrix}, \quad \begin{Bmatrix} X_3 \\ Y_3 \\ M_3 \\ X_4 \\ Y_4 \\ M_4 \end{Bmatrix} = \begin{Bmatrix} 0.42766 \\ -0.49907 \\ -0.85407 \\ -0.42766 \\ 0.49907 \\ -1.1422 \end{Bmatrix}$$

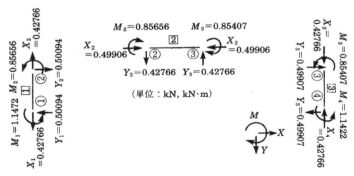

図 12.12

変位を式(6)に代入して反力を得る.

$\sum \overline{X}_1 = -0.50094$ kN

$\sum \overline{Y}_1 = 0.42766$ kN

$\sum \overline{M}_1 = -1.1472$ kN・m

$\sum \overline{X}_4 = -0.49907$ kN

$\sum \overline{Y}_4 = -0.42766$ kN

$\sum \overline{M}_4 = -1.1422$ kN・m

結果は図 12.13 のようになる．曲げモーメント図，せん断力図，軸力図，変形のイメージ図は図 12.14 〜図 12.17 のようになる（剛性マトリックスの定義と従来の力やモーメントの定義とを比較して，符号は，軸力は部材の右端 X_j の符号を，せん断力は部材の右端 Y_j の符号を，曲げモーメントは部材の左端 M_i の符号をとる）．

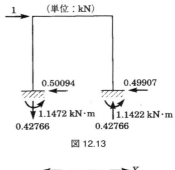

図 12.13

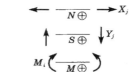

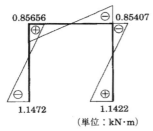

図 12.14 曲げモーメント図

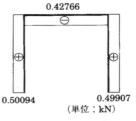

図 12.15 せん断力図

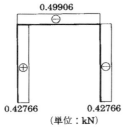

図 12.16 軸力図

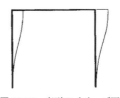

図 12.17 変形のイメージ図

基本問題 4 節点②のたわみと部材①，②の部材力を計算せよ．ただし，すべての部材について，$EA=$ 一定とする．

[解答] 表 12.3 のように λ, μ を計算する．

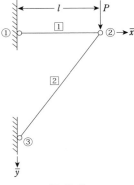

図 12.18

表 12.3

部材	i	j	$\bar{x}_i$	$\bar{y}_i$	$\bar{x}_j$	$\bar{y}_j$	$\bar{x}_j-\bar{x}_i$	$\bar{y}_j-\bar{y}_i$	l	λ	μ
①	①	②	0	0	l	0	l	0	l	1	0
②	②	③	l	0	0	$\sqrt{3}l$	$-l$	$\sqrt{3}l$	$2l$	-0.5	$\sqrt{3}/2$

部材①の剛性マトリックスは

$$\begin{Bmatrix} \bar{X}_1 \\ \bar{Y}_1 \\ \bar{X}_2 \\ \bar{Y}_2 \end{Bmatrix} = \frac{EA}{l} \begin{bmatrix} 1 & 0 & -1 & 0 \\ 0 & 0 & 0 & 0 \\ -1 & 0 & 1 & 0 \\ 0 & 0 & 0 & 0 \end{bmatrix} \begin{Bmatrix} \bar{u}_1 \\ \bar{v}_1 \\ \bar{u}_2 \\ \bar{v}_2 \end{Bmatrix} \tag{1}$$

部材②の剛性マトリックスは

$$\begin{Bmatrix} \bar{X}_2 \\ \bar{Y}_2 \\ \bar{X}_3 \\ \bar{Y}_3 \end{Bmatrix} = \frac{EA}{2l} \begin{bmatrix} 0.25 & -\sqrt{3}/4 & -0.25 & \sqrt{3}/4 \\ -\sqrt{3}/4 & 0.75 & \sqrt{3}/4 & -0.75 \\ -0.25 & \sqrt{3}/4 & 0.25 & -\sqrt{3}/4 \\ \sqrt{3}/4 & -0.75 & -\sqrt{3}/4 & 0.75 \end{bmatrix} \begin{Bmatrix} \bar{u}_2 \\ \bar{v}_2 \\ \bar{u}_3 \\ \bar{v}_3 \end{Bmatrix} \tag{2}$$

この 2 つの剛性マトリックスを重ね合わせる．

$$\begin{Bmatrix} \sum \overline{X}_1 \\ \sum \overline{Y}_1 \\ \sum \overline{X}_2 \\ \sum \overline{Y}_2 \\ \sum \overline{X}_3 \\ \sum \overline{Y}_3 \end{Bmatrix} = \frac{EA}{2l} \begin{bmatrix} 2 & 0 & -2 & 0 & & \\ 0 & 0 & 0 & 0 & & \\ -2 & 0 & 2.25 & -\sqrt{3}/4 & -0.25 & \sqrt{3}/4 \\ 0 & 0 & -\sqrt{3}/4 & 0.75 & \sqrt{3}/4 & -0.75 \\ & & -0.25 & \sqrt{3}/4 & 0.25 & -\sqrt{3}/4 \\ & & \sqrt{3}/4 & -0.75 & -\sqrt{3}/4 & 0.75 \end{bmatrix} \begin{Bmatrix} \overline{u}_1 \\ \overline{v}_1 \\ \overline{u}_2 \\ \overline{v}_2 \\ \overline{u}_3 \\ \overline{v}_3 \end{Bmatrix} \quad (3)$$

この意味は力の釣合いを考えることである．
たとえば図 12.19 において

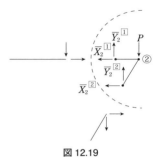

図 12.19

$\overline{X}_2^{\boxed{1}}$ を部材$\boxed{1}$の右端②の $\overline{x}$ 方向の力

$\overline{X}_2^{\boxed{2}}$ を部材$\boxed{2}$の左端②の $\overline{x}$ 方向の力

$\overline{Y}_2^{\boxed{1}}$ を部材$\boxed{1}$の右端②の $\overline{y}$ 方向の力

$\overline{Y}_2^{\boxed{2}}$ を部材$\boxed{2}$の左端②の $\overline{y}$ 方向の力

とする．

いま節点②付近で力の釣合いを考えると，式(1), (2)より

$$\sum \overline{X}_2 = \overline{X}_2^{\boxed{1}} + \overline{X}_2^{\boxed{2}}$$
$$= \frac{EA}{l}\{(-1)\overline{u}_1 + 0\overline{v}_1 + (1)\overline{u}_2 + 0\overline{v}_2\}$$
$$\quad + \frac{EA}{2l}\{0.25\overline{u}_2 - (\sqrt{3}/4)\overline{v}_2 - 0.25\overline{u}_3 + (\sqrt{3}/4)\overline{v}_3\}$$
$$= \frac{EA}{2l}\{(-2)\overline{u}_1 + 0\overline{v}_1 + 2.25\overline{u}_2 - (\sqrt{3}/4)\overline{v}_2 - 0.25\overline{u}_3 + (\sqrt{3}/4)\overline{v}_3\}$$

$$\sum \overline{Y}_2 = \overline{Y}_2^{\boxed{1}} + \overline{Y}_2^{\boxed{2}}$$
$$= \frac{EA}{l}\{0\overline{u}_1 + 0\overline{v}_1 + 0\overline{u}_2 + 0\overline{v}_2\}$$
$$\quad + \frac{EA}{2l}\{-(\sqrt{3}/4)\overline{u}_2 + 0.75\overline{v}_2 + \sqrt{3}/4\,\overline{u}_3 - 0.75\overline{v}_3\}$$
$$= \frac{EA}{2l}\{0\overline{u}_1 + 0\overline{v}_1 - (\sqrt{3}/4)\overline{u}_2 + 0.75\overline{v}_2 + \sqrt{3}/4\,\overline{u}_3 - 0.75\overline{v}_3\}$$

これらをマトリックス表示したものが式(3)であるから，式(3)はすべての節点でかの釣合いを考えた式であることがわかる．

図 12.19 において，外力との釣合いは後述するように
$$\sum \overline{X}_2 = 0, \qquad \sum \overline{Y}_2 = P$$
となる．

節点①と③は回転支承だから，$\overline{u}_1 = \overline{v}_1 = \overline{u}_3 = \overline{v}_3 = 0$ である．したがって，上の全体剛性マトリックスの第1列，第2列，第5列，第6列はなくてもよいので，取り去る．

$$\begin{Bmatrix} \sum \overline{X}_1 \\ \sum \overline{Y}_1 \\ \sum \overline{X}_2 \\ \sum \overline{Y}_2 \\ \sum \overline{X}_3 \\ \sum \overline{Y}_3 \end{Bmatrix} = \frac{EA}{2l} \begin{bmatrix} -2 & 0 \\ 0 & 0 \\ 2.25 & -\sqrt{3}/4 \\ -\sqrt{3}/4 & 0.75 \\ -0.25 & \sqrt{3}/4 \\ \sqrt{3}/4 & -0.75 \end{bmatrix} \begin{Bmatrix} \overline{u}_2 \\ \overline{v}_2 \end{Bmatrix}$$

この6行2列マトリックスを，以下のように，左辺が既知である行と未知である行の2つのマトリックスに分けると

$$\begin{Bmatrix} \sum \overline{X}_2 \\ \sum \overline{Y}_2 \end{Bmatrix} = \frac{EA}{2l} \begin{bmatrix} 2.25 & -\sqrt{3}/4 \\ -\sqrt{3}/4 & 0.75 \end{bmatrix} \begin{Bmatrix} \overline{u}_2 \\ \overline{v}_2 \end{Bmatrix} \qquad (4)$$

$$\begin{Bmatrix} \sum \overline{X}_1 \\ \sum \overline{Y}_1 \\ \sum \overline{X}_3 \\ \sum \overline{Y}_3 \end{Bmatrix} = \frac{EA}{2l} \begin{bmatrix} -2 & 0 \\ 0 & 0 \\ -0.25 & \sqrt{3}/4 \\ \sqrt{3}/4 & -0.75 \end{bmatrix} \begin{Bmatrix} \overline{u}_2 \\ \overline{v}_2 \end{Bmatrix} \qquad (5)$$

式(4)において，外力として $\sum \overline{X}_2 = 0$，$\sum \overline{Y}_2 = P$ を与えて解くと

$$\overline{u}_2 = \frac{\sqrt{3}}{3} \frac{Pl}{EA}, \qquad \overline{v}_2 = \frac{3Pl}{EA}$$

となる．

これらの変位を公式(12-2)に代入すると部材力が得られる．部材①では $i=$ ①，$j=$ ② から

$$\overline{u}_j = \overline{u}_2 = \frac{\sqrt{3}}{3} \frac{Pl}{EA}, \qquad \overline{u}_i = \overline{u}_1 = 0$$

$$\bar{v}_j = \bar{v}_2 = \frac{3Pl}{EA}, \qquad \bar{v}_i = \bar{v}_1 = 0$$

であって

$$N_1 = \frac{EA}{l}\left[\left(\frac{\sqrt{3}}{3}\frac{Pl}{EA} - 0\right) \times 1 + \left(\frac{3Pl}{EA} - 0\right) \times 0\right]$$

$$= \frac{\sqrt{3}}{3}P \quad (引張力)$$

同様に，$N_2 = -(2/3)\sqrt{3}P$ となる．
なお，反力は式(5)に

$$\bar{u}_2 = \frac{\sqrt{3}}{3}\frac{Pl}{EA}, \qquad \bar{v}_2 = \frac{3Pl}{EA}$$

を代入すると得られ

$$\sum \bar{X}_1 = -\frac{\sqrt{3}}{3}P, \qquad \sum \bar{Y}_1 = 0, \qquad \sum \bar{X}_3 = \frac{\sqrt{3}}{3}P, \qquad \sum \bar{Y}_4 = -P$$

となる．結果をまとめると，図 12.20 のようになる．
負の軸力は圧縮力を意味する．

基本問題 5 図 12.21 に示す梁において $EI =$ 一定として，曲げモーメント図を求めよ．

図 12.21

[解答] 部材①の剛性マトリックスは

$$\begin{Bmatrix} Y_1 \\ M_1 \\ Y_2 \\ M_2 \end{Bmatrix} = EI \begin{bmatrix} 12/l^3 & 6/l^2 & -12/l^3 & 6/l^2 \\ 6/l^2 & 4/l & -6/l^2 & 2/l \\ -12/l^3 & -6/l^2 & 12/l^3 & -6/l^2 \\ 6/l^2 & 2/l & -6/l^2 & 4/l \end{bmatrix} \begin{Bmatrix} v_1 \\ \theta_1 \\ v_2 \\ \theta_2 \end{Bmatrix} \qquad (1)$$

部材②の剛性マトリックスは

$$\begin{Bmatrix} Y_2 \\ M_2 \\ Y_3 \\ M_3 \end{Bmatrix} = EI \begin{bmatrix} 12/l^3 & 6/l^2 & -12/l^3 & 6/l^2 \\ 6/l^2 & 4/l & -6/l^2 & 2/l \\ -12/l^3 & -6/l^2 & 12/l^3 & -6/l^2 \\ 6/l^2 & 2/l & -6/l^2 & 4/l \end{bmatrix} \begin{Bmatrix} v_2 \\ \theta_2 \\ v_3 \\ \theta_3 \end{Bmatrix} + \begin{Bmatrix} -ql/2 \\ -ql^2/12 \\ -ql/2 \\ ql^2/12 \end{Bmatrix} \qquad (2)$$

式(2)の右端のベクトルは荷重項（load vector）といい，図 12.22 のような荷重を受ける両端固定梁の反力を表わす．

この2つの剛性マトリックスを重ね合せて，次のマトリックスを得る．

$$\begin{Bmatrix} \sum Y_1 \\ \sum M_1 \\ \sum Y_2 \\ \sum M_2 \\ \sum Y_3 \\ \sum M_3 \end{Bmatrix} = EI \begin{bmatrix} 12/l^3 & 6/l^2 & -12/l^3 & 6/l^2 & 0 & 0 \\ 6/l^2 & 4/l & -6/l^2 & 2/l & 0 & 0 \\ -12/l^3 & -6/l^2 & 24/l^3 & 0 & -12/l^3 & 6/l^2 \\ 6/l^2 & 2/l & 0 & 8/l & -6/l^2 & 2/l \\ 0 & 0 & -12/l^3 & -6/l^2 & 12/l^3 & -6/l^2 \\ 0 & 0 & 6/l^2 & 2/l & -6/l^2 & 4/l \end{bmatrix} \begin{Bmatrix} v_1 \\ \theta_1 \\ v_2 \\ \theta_2 \\ v_3 \\ \theta_3 \end{Bmatrix} + \begin{Bmatrix} 0 \\ 0 \\ -ql/2 \\ -ql^2/12 \\ -ql/2 \\ ql^2/12 \end{Bmatrix}$$

(3)

外力は$\sum M_2 = \sum M_3 = 0$が既知である（$\sum Y_1$, $\sum M_1$, $\sum Y_2$, $\sum Y_3$は未知反力）．支承条件を考えると，$v_1 = v_2 = v_3 = 0$, $\theta_1 = 0$なので，未知変位（たわみ角）θ_2, θ_3を求める方程式は，上のマトリックスの第1列，第2列，第3列，第5列，さらに第1行，第2行，第3行，第5行をとることにより得られる．
したがって

$$\begin{Bmatrix} 0 \\ 0 \end{Bmatrix} = EI \begin{bmatrix} 8/l & 2/l \\ 2/l & 4/l \end{bmatrix} \begin{Bmatrix} \theta_2 \\ \theta_3 \end{Bmatrix} + \begin{Bmatrix} -ql^2/2 \\ ql^2/2 \end{Bmatrix} \quad (4)$$

右端のベクトルを左辺に移項して解くと

$$\theta_2 = \frac{ql^3}{56EI}, \qquad \theta_3 = -\frac{5ql^3}{168EI}$$

を得る．

これらのたわみ角を部材①と②の剛性マトリックスに代入すると，左端の曲げモーメント

$$M_1 = EI\left(\frac{2}{l}\right)\frac{ql^3}{56EI} = \frac{ql^2}{28}$$

$$M_2 = EI\left(\frac{4}{l}\right)\left(\frac{ql^3}{56EI}\right) + EI\left(\frac{2}{l}\right)\left(-\frac{5ql^3}{168EI}\right) - \frac{ql^2}{12}$$

$$= -\frac{ql^2}{14}$$

が求められる．

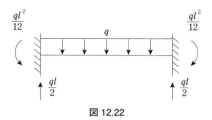

図 12.22

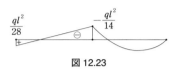

図 12.23

13. 梁の振動

公式

§1 1質点の振動

減衰のない1質点の運動方程式は公式（13-1）のように表される．

$$m\frac{d^2y}{dt^2}+ky=0 \tag{13-1}$$

ここに，$m=W/g$〔W：重量（N），g：重力加速度（980 cm/s²）〕，k：バネ定数（N/cm）．

一般解は公式（13-2）となる．

$$y=A\sin\omega t+B\cos\omega t \tag{13-2}$$

ここに，A，Bは積分定数で初期条件から求められる．

また，公式（13-2）は次のように書き表すことができる．

$$y=a\cos(\omega t-\varphi) \tag{13-3}$$

ここに，$a=\sqrt{A^2+B^2}$，$\varphi=\arctan(B/A)$ である．

固有周期 T，固有振動数 f，および固有円振動数 ω は

$$T=\frac{2\pi}{\omega}=2\pi\sqrt{\frac{m}{k}} \tag{13-4}$$

$$f=\frac{1}{T}=\frac{\omega}{2\pi} \tag{13-5}$$

$$\omega=\frac{2\pi}{T}=2\pi f \tag{13-6}$$

である．

§2 梁の曲げ振動

梁の断面が一様なときの曲げ振動の自由振動に関する運動方程式は公式（13-7）となる．

$$m\frac{\partial^2 y}{\partial t^2}+EI\frac{\partial^4 y}{\partial x^4}=0 \tag{13-7}$$

公式(13-7)の基準関数 $Y(x)$ の一般解は公式（13-8）のように表される．

$$Y(x)=A\cos\beta x+B\sin\beta x+C\cosh\beta x+D\sinh\beta x \qquad (13\text{-}8)$$

（ただし $\beta=\sqrt[4]{\omega^2 m/EI}$）

積分定数 A, B, C, D は，次の境界条件より定める．

1) 固定端：動かない　$Y=0$, 回転しない　$dY/dx=0$
2) 回転端：動かない　$Y=0$, 曲げモーメントは 0 である　$d^2Y/dx^2=0$
3) 自由端：曲げモーメントは 0 である　$d^2Y/dx^2=0$
　　　　　せん断力は 0 である　$d^3Y/dx^3=0$

§1　1質点の振動

基本問題 1　1個の質量を担って自由振動する場合，1質点の振動として取り扱い，梁の固有周期を求めよ．ただし，減衰は無視する．

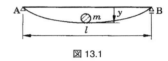

図 13.1

[**解答**]　質点の慣性力は

$$-m\frac{d^2y}{dt^2}$$

振動方向に単位長だけの変位を与える力を k とすると，質点に作用する力は $-ky$．2力の釣合いから

$$m\frac{d^2y}{dt^2}+ky=0 \qquad (1)$$

上式が非減衰バネ1質点系の運動方程式となる．2階微分方程式の解法に従い，式(1)の解が式(2)で表されるとする．

$$y=A\sin\omega t+B\cos\omega t \qquad (2)$$

式(2)を2回微分したものと，式(2)を式(1)に代入して整理すると

$$-m\omega^2+k=0$$

上式より ω を求めると

$$\omega=\sqrt{\frac{k}{m}}\quad (\text{rad/s})$$

ここに，ω は円振動数であり，位相角が $\omega T=2\pi$ で1サイクルとなるので周

期 T は

$$T=\frac{2\pi}{\omega}=2\pi\sqrt{\frac{m}{k}} \quad \text{(s)} \tag{3}$$

となる．ここで，梁の中央点のたわみは

$$\delta=\frac{Pl^3}{48EI}$$

となるので，$P=1$ の単位の力を考えて，バネ定数は

$$k=\frac{P}{\delta}=\frac{48EI}{l^3}$$

したがって，式(1)から運動方程式は

$$m\frac{d^2y}{dt^2}+\left(\frac{48EI}{l^3}\right)y=0$$

となり，固有周期は式(3)から

$$T=\frac{2\pi}{\omega}=2\pi\sqrt{\frac{m}{k}}=2\pi\sqrt{\frac{ml^3}{48EI}} \quad \text{(s)}$$

となる．

【応用問題1】 先端に質量を有する片持ち梁の固有周期を求めよ．ただし，$E=2.0\times10^5$ N/mm^2，$I=10^5$ cm^4 とする．

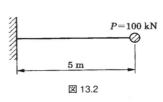

図 13.2

§2 梁の曲げ振動

|基本問題2| 等断面の単純梁において，曲げ振動の自由振動方程式を誘導し，固有振動数と3次振動までの振動モード形を求めよ．

[解答] 曲げ振動においては，梁の曲げ変形のみを考える．図 13.3 において，曲げ剛性を EI =一定とし，微小要素 dx の釣合いを考える．x 点の変位を $y(x, t)$，せん断力を S，曲げモーメントを M とすれば，x 点のせん断力は

$$S=\frac{\partial M}{\partial x}=\frac{\partial}{\partial x}\left[-EI\frac{\partial^2 y(x,t)}{\partial x^2}\right]$$

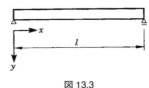

図 13.3

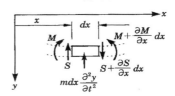

図 13.4 梁の曲げ振動

である．$(x+dx)$ 点のせん断力は

$$S+\frac{\partial S}{\partial x}dx = \frac{\partial}{\partial x}\left[-EI\frac{\partial^2 y(x,t)}{\partial x^2}\right] + \frac{\partial^2}{\partial x^2}\left[-EI\frac{\partial^2 y(x,t)}{\partial x^2}\right]dx$$

である．したがって，微小要素に作用する y 方向のせん断力は変位 y で表すと，

$$\frac{\partial S}{\partial x}dx = \frac{\partial^2}{\partial x^2}\left[-EI\frac{\partial^2 y(x,t)}{\partial x^2}\right]dx$$

となる．また，微小要素に作用する y 方向の力の釣合い式は，図 13.4 に示すように慣性力 $-mdx\,\partial^2 y/\partial t^2$ を考慮すると以下のようになる．

$$-S+(S+\frac{\partial S}{\partial x}dx)-mdx\frac{\partial^2 y}{\partial t^2}=0$$

すなわち

$$m\frac{\partial^2 y(x,t)}{\partial t^2}+\frac{\partial^2}{\partial x^2}\left[EI\frac{\partial^2 y(x,t)}{\partial x^2}\right]=0 \tag{1}$$

となる．式(1)が梁の曲げ振動の自由振動に関する運動方程式である．

梁の断面が一様のときには

$$\lambda^2\frac{\partial^2 y(x,t)}{\partial t^2}+\frac{\partial^4 y(x,t)}{\partial x^4}=0, \qquad ただし \quad \lambda^2=\frac{m}{EI} \tag{2}$$

となる．次に式(2)の一般解を求める．

式(2)の解が x の関数 $Y(x)$ と時間 t の関数 $F(t)$ との積からなる変数分離型であると仮定する．

すなわち

$$y(x,t)=Y(x)F(t) \tag{3}$$

式(3)を式(2)に代入して整理すれば次式となる．

$$\frac{d^4Y(x)}{dx^4}\frac{1}{Y(x)}=-\frac{\lambda^2}{F(t)}\frac{d^2F(t)}{dt^2} \tag{4}$$

変数分離法により，上式の両辺を β^4 とおくと

$$\frac{d^4Y(x)}{dx^4}=Y(x)\beta^4 \tag{5}$$

$$\frac{d^2F(t)}{dt^2}=-\frac{\beta^4}{\lambda^2}F(t) \tag{6}$$

式(6)は非減衰1自由度系の自由振動と同型であり，次式のように表される．
$$F(t) = A \sin \omega t + B \cos \omega t \tag{7}$$
ただし
$$\omega = \frac{\beta^2}{\lambda} = \beta^2 \sqrt{\frac{EI}{m}} \tag{8}$$

式(5)は，梁の変形形状に関する方程式で，これを解くことによって振動曲線が求まる．この解を $Y(x) = e^{px}$ とおき，式(5)に代入して整理すると最終的に次式を得る．
$$Y(x) = A \cos \beta x + B \sin \beta x + C \cosh \beta x + D \sinh \beta x \tag{9}$$
ここに，A, B, C, D は積分定数で，境界条件より決定される．単純梁の境界条件は，両端で変位と曲げモーメントが 0 であるから
$$x = 0 \text{ で } \quad Y(x) = 0, \quad \frac{d^2 Y(x)}{dx^2} = 0$$
$$x = l \text{ で } \quad Y(x) = 0, \quad \frac{d^2 Y(x)}{dx^2} = 0$$
となる．この条件を式(9)に適用して
$$A + C = 0, \quad -A + C = 0$$
$$A \cos \beta l + B \sin \beta l + C \cosh \beta l + D \sinh \beta l = 0$$
$$-A \cos \beta l - B \sin \beta l + C \cosh \beta l + D \sinh \beta l = 0$$
となる．これより $A = C = 0$ および $B \sin \beta l = D \sinh \beta l = 0$ となり，$\sinh \beta l$ は $\beta l = 0$ 以外は 0 とならないから，$D = 0$ となり，$B \sin \beta l = 0$ となるので
$$\sin \beta l = 0$$
が振動方程式となる．この解は
$$\beta l = n \pi \quad (n = 1, 2, \cdots\cdots)$$
で与えられ，固有円振動数は式(8)より
$$\omega = (n \pi)^2 \sqrt{\frac{EI}{m l^4}} \quad (n = 1, 2, \cdots\cdots)$$
となり，無限個存在することになる．ここで振動数の小さい順に $\omega_1, \omega_2,$ ……として，ω_n を n 次の固有円振動数と呼ぶ．n 次の固有振動モード形は，$A = C = D = 0$ であるから

$$Y_n(x) = B \sin \beta x = B \sin \frac{n\pi}{l} x$$

いま，振動モード形はその形状に意味があるので，簡単のため $B=1$ とおくと

$$Y_n(x) = \sin \frac{n\pi}{l} x \tag{10}$$

となる．上式に $n=1\sim3$ を代入して，3次振動数までのモード形が求められる．

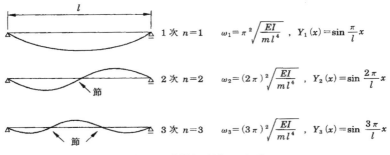

図 13.5　単純梁の振動モード形

【応用問題 2】　片持ち梁の固有振動数と3次振動数までの振動モード形を求めよ．

【応用問題解答】

　問題 1　$T = 0.29$ s

　問題 2　振動数方程式：$\cos \beta l \cosh \beta l = -1$

　　　　　振動モード形：図 13.6

$$Y_n(x) = (\cos \beta_n x - \cosh \beta_n x) - \frac{\cos \beta_n l + \cosh \beta_n l}{\sin \beta_n l + \sinh \beta_n l}(\sin \beta_n x - \sinh \beta_n x)$$

13. 梁の振動　193

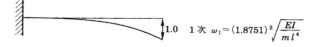

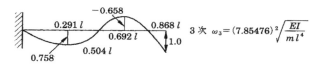

図 13.6　片持ち梁の振動モード形

例題で学ぶ
構造工学の基礎と応用（第4版）　　　　定価はカバーに表示してあります．

1991年3月5日　1版1刷発行	ISBN 978-4-7655-1833-8 C3051
1996年2月5日　2版1刷発行	
2003年5月20日　3版1刷発行	
2016年4月15日　4版1刷発行	

著者代表　宮　本　　　裕
　　　　　　　　（みや　もと　　ゆたか）

発行者　長　　　滋　彦

発行所　技報堂出版株式会社
〒101-0051 東京都千代田区神田神保町1-2-5
電　話　営　業　(03) (5217) 0885
　　　　編　集　(03) (5217) 0881
Ｆ　Ａ　Ｘ　　　　(03) (5217) 0886
振替口座　00140-4-10
http://gihodobooks.jp/

日本書籍出版協会会員
自然科学書協会会員
土木・建築書協会会員

Printed in Japan

© Yutaka Miyamoto, et at., 2016　　印刷・製本　昭和情報プロセス
落丁・乱丁はお取り替えいたします．

JCOPY ＜出版者著作権管理機構　委託出版物＞

　本書の無断複写は著作権法上での例外を除き禁じられています．複写される場合は，そのつど事前に，出版者著作権管理機構（電話：03-3513-6969，ＦＡＸ：03-3513-6979，e-mail: info@jcopy.or.jp）の許諾を得てください．

●小社刊行図書のご案内●

構造工学（第二版）	宮本裕ほか著	A5・268頁
構造力学の基礎 Ⅰ・Ⅱ	佐武正雄・村井貞規著	A5・各154・290頁
よくわかる**構造力学ノート**	四俵正俊著	B5・260頁
構造解析の基礎と応用—線形・非線形解析および有限要素法	A. Ghaliほか著/川上洵ほか監訳	A5・532頁
建設材料学（第五版）	樋口芳朗ほか著	A5・240頁
土木へのアプローチ（第三版）	椛木亨ほか編著	A5・310頁
工学系のための**常微分方程式**	秋山成興著	A5・204頁
工学系のための**偏微分方程式**	秋山成興著	A5・222頁
土木工学ハンドブック（第四版）	土木学会編	B5・3000頁
土木用語大辞典	土木学会編	B5・1680頁

●はなしシリーズ

数値解析のはなし—これだけは知っておきたい	脇田英治著	B6・200頁
土のはなし Ⅰ・Ⅱ・Ⅲ	地盤工学会土のはなし編集グループ編	B6・各210頁
コンクリートのはなし Ⅰ・Ⅱ	藤原忠司ほか編著	B6・各230頁
ダムのはなし	竹林征三著	B6・222頁